左亚芳 主编

无人值守变电站运行维护

内 容 提 要

本书共分为四章，主要内容包括无人值守变电站概述、无人值守变电站设备及其运行维护、无人值守变电站异常及故障处理、智能变电站运行维护及异常事故处理。

本书可供从事变电站设备设计、研发、生产，以及从事无人值守变电站、智能变电站设备运行维护、运行监控、检修、检测、生产技术管理等工作的相关人员使用，也可供从事无人值守变电站相关设备研发、生产、检修、维护的相关人员参考。

图书在版编目（CIP）数据

无人值守变电站运行维护/左亚芳主编. —北京：中国电力出版社，2016.2（2019.11重印）

ISBN 978-7-5123-8318-0

Ⅰ.①无… Ⅱ.①左… Ⅲ.①无人值守-变电所-电力系统运行②无人值守-变电所-电气设备-维修 Ⅳ.①TM63

中国版本图书馆CIP数据核字（2015）第229576号

中国电力出版社出版、发行

（北京市东城区北京站西街19号 100005 http://www.cepp.sgcc.com.cn）

三河市万龙印装有限公司印刷

各地新华书店经售

*

2016年2月第一版 2019年11月北京第二次印刷

710毫米×980毫米 16开本 10.25印张 172千字

印数2001—3000册 定价**45.00**元

编　委　会

主编　左亚芳

参编　（排名不分先后）

尹　毅　赵小婷　尹佐逾凡　左向华

袁复晓

前　言

随着科学技术的飞速发展，我国电力设备在设计先进性、运行稳定性和电网运行科学性、智能化方面都得到了大幅度提高，电网网架结构越来越合理、稳固、坚强。交流 1000kV 和 750kV、直流 ±800kV 和 ±600kV 跨区电网的全面建成，结束了全国电网分片运行的历史。特别是新疆和西藏电网与国家主电网的并网运行，为我国西电东送提供了便利；风电和光伏并网运行，丰富了我国的电源品种，增加了我国的电力供给总量。智能变电站大规模建成，D5000 电网智能调度监控技术支持系统的应用日趋广泛和成熟。大运行、大检修体系已经建成，调控一体化运行模式已经成熟。110kV 及以下电压等级无人值守变电站积累了一定的运行维护经验。我国电网扩容速度加快，电网覆盖面扩大，具有点多面广的资产运行特点，需要大量的运维人员，从而使得电网及设备运维成本加大，变电站智能设备的大规模投运，这些都决定了我国电网各电压等级交直流变电站全面实行无人值守的必要性和迫切性。

在运维一体化模式下实行变电站无人值守，变电站设备集中监控、运行、维护和操作。无人值守变电站运行维护人员必须全面掌握与变电站运行维护有关的专业知识和维护、操作技能。运行维护人员的专业技能包括变电运行维护、变电一次设备检修、继电保护及自动装置检修维护、试验检测、通信及自动化设备维护等。对从事无人值守变电站运行维护人员的专业知识及工作技能培训迫在眉睫。目前，此类培训教材仍是空白，此书正是为了满足这一生产工作的需要，也是为了培养高素质、综合能力强的生产技能人员而编写的。

《无人值守变电站运行维护》一书，是作者通过对自己从事 110kV 及 330kV 无人值守变电站运行维护经验的积累和研究，结合作者二十多年来从事变电站运行值班、一次设备检修、继电保护及自动装置检修维护、电气设备试验检测、通信自动化设备运行维护等工作的专业知识积累，在《330kV 与 750kV 变电运行技术问答》《电网调度与监控》和《GIS 设备运行维护及故障处理》三本书的基础上编写而成。

本书可供从事无人值守变电站、智能变电站运行维护工作和电网设备调度监控等工作的生产人员、技术人员、管理人员使用。旨在为无人值守变电站和智能变电站运行维护、异常事故处理提供技术指导，为有人值守变电站向无人值守变电站改造提供可借鉴方法和经验。

在本书的编写过程中，得到了许多专家及工程技术人员的帮助和指导，在此一并表示感谢。由于作者的写作水平和专业知识所限，书中不当之处在所难免，恳请广大读者批评指正。作者联系方式：电话 13997234908，邮箱 zuo.yafang@163.com。

作者

目　录

第一章

无人值守变电站概述

变电站是电网的重要组成部分，为提高变电站安全、稳定、经济运行的水平，使变电站的运行、维护、管理工作更加规范化、标准化、科学化。结合我国电网发展现状，变电站的运行模式经历了多人值班、少人值班、无人值班有人值守、无人值守四个阶段。

无人值守变电站是一种先进的变电站运行管理模式。它借助于计算机系统，进行信息采集、处理和传输，设备远程操作控制，电网异常及事故程序化处理等，对变电站电网设备运行信息和安防系统运行信息进行集中监控，集中进行变电站设备操作、维护工作。

第一节　有人值守变电站向无人值守变电站改造

2012 年以后，我国新建变电站基本都按照无人值守变电站设计建设，之前建成的变电站大多都是按照有人值守变电站设计建设。有人值守变电站向无人值守变电站过渡时，改造工程较大，主要包括一、二次设备改造，一、二次设备远程监控信息完善，通信系统完善，安保及消防等辅助设施完善，远程巡视系统建设及完善。

一、无人值守变电站基本要求

常规变电站若要实现无人值守，必须对其进行相应的设备及设施改造、完善，以达到无人值守的要求。无人值守变电站应满足以下基本要求：

（1）综合自动化程度高。即变电站的全部设备已实现了遥调、遥控、遥信、遥测功能。

（2）一次设备维护量小。即一次设备为 SF_6 全封闭绝缘组合电器（GIS）等免维护或维护量较小、运行可靠性高的设备。

（3）变电站内主变压器变电容量满足“N-1”要求。

（4）交通便利。运维站距无人值班变电站车程均在半小时的半径内。

（5）运行工况信息已全部接入省（地）调监控系统，支持变电站“五遥”功能，变电站集中监控等应用功能已拓展。

（6）变电站具有可靠的通信系统，满足程控电话、调度电话的通信功能，具有远动信息及图像监控信息传递的通道。

（7）变电站装设安全防卫电子围栏，其报警信息可以通过通信装置远程终端控制系统（RTU）远传至监控中心及单位安全保卫部。

（8）主变压器（主变）均安装有单组分或多组分油在线监测装置，用于主变内部气体浓度含量监测，且该装置信号已远传至省电科院或者监控中心（室）。

（9）监控系统已完成遥测、遥信的采集工作，并已通过了省公司组织的验收，即相当于省（地）调终端系统，且监控端已具备远方监视功能。监控系统的遥调、遥控具备防误操作功能，系统能够识别操作人员身份。

（10）变电站建筑，一次设备，自动化系统，通信系统，交直流电源系统，时间同步系统，电量采集，视频和安防系统，消防、空调等辅助系统等经过改造后，已达到无人值班模式的要求。

二、有人值班变电站改造重点

1. 有人值班变电站改造

（1）变电站的选取。在变电站无人值守改造工作中，应优先选取综合自动化程度高、设备运行可靠性高、交通便利、实现了远程监视、变电容量满足“N-1”准则的要求，且具备可靠的通信系统的变电站。通过改造设备设施比较完善的变电站，为后续变电站实现无人值守提供技术改造方案。

（2）有人值守变电站评估。有人值守变电站向无人值守变电站改造时，首先要对变电站现有设备及运维条件进行全面摸底评估，分专业逐项评估打分，全面掌握设备的状况。通过全面评估和分析，找出实现无人值班变电站方面存在的问题，提出有针对性的对策和改造方案。

（3）变电站改造中应同步进行的工作。在变电站的改造过程中要及时建立二次回路描述卡，主要描述电流、电压、出口跳闸、控制等回路电缆及光纤走向。特别是对于图纸资料缺失的变电站及间隔二次回路，结合改造和检修机会，立即建立二次回路描述卡，以便今后的检修维护。

（4）变电站建筑改造。变电站建筑改造方面，变电站围墙高度应该满足无人值守要求，一般应在 2.0m 及以上。变电站大门应为实体铁门。设备室的门窗应为铁质或其他钢材材质，开启方向为向外开，窗户应加装防盗网。

（5）一、二次设备免维护或维护量较小，具备遥控、遥调、遥信、遥测功能。断路器及隔离开关的控制电源小开关具有分闸报警功能。站内有远程巡视一、二次设备的探头及信号传输设备。主变压器均安装有单组分或多组分油在线监测装置，用于主变内部气体浓度含量监测，该装置信号已经远传至远程在线分析系统。

（6）自动化系统及通信系统应比较完善，且运行可靠。主要信号传输应为光纤传输。不满足要求的应立即改进。

（7）站内低压交直流电源系统供电可靠，主备电源能够自动切换。站内低压电源监视及低压电源遥测量采集是改造过程中最容易忽视和遗漏的地方。

（8）UPS（不间断供电装置）电源容量能够满足事故下的需要，UPS 至少应有两路交流电源，且能在站内低压交直流电源消失时自动投入运行。

（9）站内时间同步系统完善、运行良好。主时钟与各保护小室内的分时钟定期自动对时，自动校正。主时钟能够与设定的通信卫星定期对时，自动校正时间。重要变电站的主时钟应至少有两套。

（10）电量采集系统完善，且数据已经上送到省级电力计量中心。远程计量采集数据与现场实际数据误差满足要求。变电站实行无人值守前完成变电站电能计量表计接入用电集抄系统。

（11）视频和安防系统、消防、空调等辅助系统经过改造后，能够实现远程巡视、报警远传、远方设防、撤防等功能。装设了电子围栏，其报警信息可以通过 RTU 远传。

（12）运行工况信息已全部接入省（地）调监控系统，支持变电站“五遥”功能，变电站集中监控等应用功能已拓展，具备远动信息及图像监控信息传递的通道。

（13）变电站配合监控中心监控系统完善，监控系统完成了遥测、遥信的采集工作，信息采集完善、传输正确，满足无人值守变电站运行监控需要，并通过相应部门验收。

（14）变电站已全部实现遥调、遥控、遥信、遥测功能。

2. 变电站改造过程中注意事项

（1）无人值守变电站改造过程中，消防、安防系统告警信号接入前应向本公司安全质量监察部提出申请，批准后方可工作。

（2）重要二次回路的改造接入工作必须由有经验的检修人员全程跟踪、指导，严防误动、误碰、误接线等异常发生。

（3）新增遥测、遥信、遥控点表导入前必须做好数据库备份工作，并提前两天向监控处（室）提交符合信息优化规范要求的数据点表。信息接入完毕后需与各级调控中心（室）同步完成新增信息核对工作，进行断路器实控试验，具备遥控的站用低压断路器需申请进行实控试验。

（4）无人值守变电站改造过程中，运维人员配合信通公司完成电网 GIS 空间地理信息接入。包括输电线路、变电站以及县城网配电线路、配电站房、工井等数据接入、核查、整理，电网地区地图切片工作。数据平台建设调试完毕，应进行科学评估。经国家电网公司电网地理 GIS 项目组评估验收合格后，投入运行。

三、无人值守变电站验收重点

在变电站进行无人值守改造过程中一般存在如下共性问题，这些共性问题即为改造后验收的重点内容。

（1）变电站继电保护和安全自动装置、通信系统、交直流电源系统、视频和安防系统、消防、空调等辅助系统水平不高、功能不全；

（2）保护信号、故障录波启动信号等不具备远方遥控复归功能；

（3）保护功能连接片（压板）未采用软压板方式；

（4）部分继电保护和安全自动装置不具备检修信息闭锁功能；

（5）无法实现装置检修时应通过报文处理或其他机制避免对监控中心和调度的干扰；

（6）隔离开关和接地开关的位置采集未采取双接点方式；

（7）设备无法实现程序化控制；

（8）无人值守变电站的交直流电源，未配置相应的监视措施并通过自动化系统送至调度和监控中心；

（9）交直流电源系统的监控器，包括充电装置监控、绝缘监测等，没有将必要的信息通过自动化系统传至监控中心；

（10）站用变压器（站用变）低压侧的动力电缆与控制电缆、光缆等同沟敷设；

（11）视频和安防系统信号不具备远方控制、布防、撤防等功能；

（12）变电站安防系统损坏率高，视频系统尚未实现全方位监控，存在盲区和死角，如充油设备喷油、电缆着火等现象不能及时发现，断路器不能立即断开故障设备，造成设备损坏严重；

（13）无人值守变电站的安防系统、辅助系统、消防系统、SF_6 气体泄漏的信息未通过自动化系统传至监控中心；

（14）变电站远动设备、同步相量测量装置、监控后台机、同步时钟等设备未接入 UPS 电源，厂站所用电系统失电后将失去监控，严重影响无人值守变电站及电网安全运行；

（15）工程竣工验收报告及设备修试报告缺失；

（16）变电站远动机、值班机与备用机不能实现双机自动切换功能；

（17）变电站大门为隔栅门；

（18）运维站监控机带宽不足，操作监控画面及信息延时，影响监视；

（19）运维站组织体系、组织机构不健全、职责分工不明晰，导致异常及故障处理延时；

（20）变电站仍存在放电、漏油等无法通过信息监控发现的严重缺陷。

四、无人值守变电站业务移交

（1）变电站进行无人值守改造完成后，各项业务要按照“三集五大”划分的业务界面进行交接。

（2）变电站设备运行工况信息、断路器实控试验完成后，将变电站运行监控权限正式移交省调控中心或地区调控室。设备运维单位向调控中心（或调控室）提供变电站所属运维站业务联系人及联系方式。

（3）变电设备在线监测调试完成后，日常监测数据分析业务交接给调控中心或地区调控室（部分省公司将此业务交予省电科院）。输电线路防雷等日常运行监测由省电科院负责，并对监测数据进行分析，发布预警。设备及线路运维单位提供实时业务的联系人和联系方式。

（4）必须在变电站所有设备监控业务进行无缝移交后，变电站才可以撤人。

五、无人值守变电站改造过程中常见问题

1. 无人值守变电站改造过程中常见问题举例

（1）主变 CSR22B 非电量保护装置无法与后台通信通畅。由于 CSR22B 非电量保护装置无 CPU 插件和信息处理插件，只提供非电量开入、出口跳闸和

信息开出，功能与操作箱功能类似，所以装置不设计与综自系统通信，也无通信接口。详细接线如图 1-1 所示。

图 1-1　CSR22B 非电量保护装置图

（2）站用变压器（站用变）本体无轻瓦斯动作及温度高信息。在常规变电站中，35kV 站用变大多数只设重瓦斯跳闸，不设轻瓦斯告警，站用变温度不进行采集上送。在无人值守变电站改造过程中，应增设轻瓦斯告警信号。从气体继电器另引电缆，使用一对触点，将信号上传至监控中心（室）。站用变普遍在室内使用，上层油温随环境温度变化较小，所以未向监控后台机上送站用变油面温度高或绕组温度高信息。在无人值守变电站改造过程中，应从站用变本体温度计处向测控装置引一根电缆，将温度信息上送监控中心（室）和变电站后台机。

图 1-2　老旧故障录波器工控主机图

（3）部分故障录波装置无任何告警信息上送。如图 1-2 所示录波装置服役时间已久，装置只为常规变电站考虑，采用常规的工控机作为主机，未设计任何告警信号的开入。因此，现场无法实现信息的采集。必须结合无人值守变电站改造进行更换，才能实现信息的采集并上送。

(4) 大部分 35kV 站用变 380V 侧三相电流未上送。部分变电站因现场站用变低压侧无断路器，无电流互感器（TA），无法采集到电流，所以不能上送遥测量。解决办法：可通过分段断路器（TA）进行监控。低压柜如图 1-3 所示。

(5) 部分断路器测控装置在“检无压”方式下无法遥控合闸。因 CSI202A 测控装置较老，装置版本过低，无法对其进行升级，因此监控后台无法实现此功能，只有在更换测控装置后才能实现。

图 1-3　站用变低压侧无断路器及 TA

2. 无人值守变电站改造过程中常见典型问题汇总

表 1-1　　无人值守变电站改造过程中常见典型问题

序号	问题及处理办法
1	变电站继电保护硬触点信息及异常信号采集不全
2	变电站工业视频监控系统、安防系统不完善，不能满足防盗、防火监视工作要求
3	部分继电保护和安全自动装置不具备检修信息闭锁功能。在改造初期，可以采用修改相关二次设备检修的管理办法，明确检修时采取切断装置网络的相关措施，防止检修信息上传调控中心（室），影响运行设备的正常监控。在以后的继电保护和安全自动装置升级改造过程中不断完善
4	闭锁式高频保护不具备通道自动测试功能，保护、故障录波器启动信号等不具备远方遥控复归功能。为解决这一问题，可以通过修改相关运行维护管理制度，由运维人员每次到达变电站现场后进行通道功能测试。每三天由运维人员到达变电站现场进行保护、故障录波器启动信号复归工作。对于不能实现远方复归，且发出启动信号或告警信号后闭锁正常动作功能的继电保护和安全自动装置，应在改造过程中及时改造回路，升级软件，取消告警、启动后闭锁动作回路的功能
5	保护功能连接片未采用软压板方式
6	隔离开关和接地开关的位置未采用双接点方式
7	部分设备无法实现程序化操作
8	动力电缆与控制电缆、光缆等同沟敷设。变电站动力电缆数量较少，应在改造过程中将动力电缆改道敷设或在同沟内上电缆支架摆放。严禁动力电缆放在电缆沟底，控制电缆和通信光缆压在动力电缆之上
9	输变电设备状态在线监测系统未接入调控中心或省电科院
10	汇控柜、充气柜内的“自动开关分闸报警”信号汇总上送监控中心。需要将各种不同功能的小开关信息分别上送监控

续表

序号	问题及处理办法
11	主变（主变压器）间隔“事故信号”的定义及触发条件存在问题，各保护、各后台厂家命名混乱
12	SF_6 设备“压力低闭锁”信号无法直接上传至监控中心
13	配置多套保护的主变及输电线路的保护动作、装置告警、直流消失等信号合并上送。装置异常或保护动作后不易判断具体位置
14	部分变电站所用系统备自投长时间未进行定检及实际传动试验
15	变电站 GIS 设备压力监视信号未全部上传至监控中心
16	普遍存在主变和高压电抗器的油面温度、绕组温度测试不准确、回路异常、感温系统故障等缺陷
17	主变通风系统运行存在问题。电源控制回路、热偶继电器、风扇电机、风扇、油流继电器等元件不同程度存在问题
18	强迫有循环风冷变压器冷却器全停跳闸限值设置不准确
19	变电站外接站用变高压断路器不具备遥控功能，高压侧装设隔离开关或跌落熔断器
20	主变有载调压电源故障信号不上送，现场普遍没有辅助触点，需要通过设计回路、增加辅助触点或信号继电器方式采集信号
21	主变通风直流电源故障信号不上送，部分单位认为现场采集并上送的交流电源 1、2 故障信号可以满足对主变通风回路电源的监视，所以不再重复采集上送。但不同厂家的主变通风控制回路设计存在差异，应根据其对交直流电源重要性要求不同，分别进行监视
22	变电站各电压等级出线间隔的控制电源、断路器电机电源等信号合并上送
23	厂站端变电设备在线监测装置与主站通信中断故障，设备在线监测装置性能不稳定，远动装置故障
24	1 号主变 CSR22A、CST141B、CST140B、CST143B、CST140B、CSI125A、CSL101A、CSL102A、CSI125A、CSL164B 等型号的保护装置均为 LON 网的保护，无可接入的有效通信口，需要增设通信转接设备
25	技改或扩建后的设备信息未接入保护信息子站，上送信息不全
26	CSC326CB 装置（版本为 V1.56，校验码为 3D84 B97B，装置地址为 137），无法上送信息量，点表或是通信接口存在问题
27	主变保护 CSC326CB（差动装置地址为 58）、CSC326CB（后备装置地址为 59，版本号为 V1.53），无法上送信息量，点表或是通信接口存在问题
28	RCS921A 保护装置（版本号为 2.00，校验码为 72f9，装置地址为 1），技改或扩建后未接入保护信息子站，IP 地址设置好后重启装置，无法生效
29	ST-502 故障录波器装置，技改或扩建后未接入保护信息子站，装置通信正常，波形可上召，但故障录波定值无法上召
30	110kV 母联 CSC122M 型保护（版本号为 V1.02，校验码为 ADFA 6A78，装置地址为 20），技改或扩建后未接入保护信息子站，除软压板信息外其他信息均可上召，软压板信息不能上召问题，经判断为点表有误，需厂家重做点表后解决

续表

序号	问题及处理办法
31	WXH-803（装置地址为1），保护无多余485通信口，有且仅有的一组已被后台占用。原因是装置投运时不需要两组通信接口，所以未配置航空插头
32	330、110kV汇控柜及35kV充气柜内，未将“自动开关分闸报警”信息按柜内实际装设的控制指示电源、电机电源、加热电源、TV回路电源分别独立上送
33	GIS设备如将SF_6压力降低告警信号合并后上送，应按照实际装设的表计监视各气室压力，对合并的“其他气室压力降低”等信号，敷设电缆后分别上送
34	330kV断路器未采集“本体三相不一致”信号，应该敷设电缆后上送
35	保护动作跳闸后，只报间隔“事故总”信号。若有测控信号，则直接上送；若无测控信号，则应核查相关设备保护动作与启动信号，将“事故总”定义为保护动作出口信号并上送
36	“装置通信中断”信号未按各装置分别上送
37	“装置通道异常”“TV断线告警”“TA断线告警”，核查装置码表，将以上信息分别采集上送；若远跳保护与主保护复用一个通道，则远跳保护的“装置通道异常”信号应取消
38	“35kVⅡ母进线柜故障报警”“380V备投保护弹簧未储能”信息内容不明确。应核查该信息含义，若信息对运行监视有意义，则明确其描述，若无该信号或无意义，则取消
39	电容器、电抗器间隔“接地告警”“过负荷告警”信息，部分变电站实际不存在。核查装置码表，若有该信息则上送；若无信息则敷设电缆后增加该信号
40	主变间隔“有载调压轻瓦斯动作”“滤油机故障”两条信息合并上送。核查装置码表，若有该信息则分别上送；若无此信息则取消
41	主变间隔“冷却器全停”“辅助冷却器投入”“备用冷却器投入”“有载调压电源消失”“通风直流电源故障”“油流继电器故障”“本体过激磁发信”、站用变压器“有载调压故障”，这些信息上送不全，有些需要合并上送。需要核查装置码表，若有该信息则上送；若无此信息，则敷设电缆后增加该信号
42	间隔内“控制回路断线”、110kV BP-2B母差保护“开关位置切换异常”信息不上送。核查装置码表，若有该信息则上送；若无此信息，则敷设电缆后增加该信号
43	“重合闸动作”“保护动作”信号不明确，没有相关保护型号。该信号按数据优化原则要求优化后上送
44	“装置故障”信号应合并的子点为“装置失电”“装置闭锁”信号。无法区分是否闭锁保护的“装置告警”信号均应列入“装置故障”的子点中（如北京四方的保护装置）。“装置异常”信号内子点信息为“装置异常”或不闭锁保护的“装置告警”。这些信号的合并内容不统一、不规范
45	“压力降低闭锁重合闸”“压力降低闭锁分（合）闸”“压力降低闭锁”信号，未按实际信号采集上送该信息。若有独立TA气室的，则“TA SF_6气体压力降低报警”信号应按实际采集情况上送
46	“××保护A（B、C）相跳闸”信息内容描述不清楚。需要核查装置码表，若有该信息（或“分相跳闸”信息），则上送；若无该信息，则通过遥信位置信息进行监视

续表

序号	问题及处理办法
47	“失灵动作”“充电保护动作”信息定义不明确。应上送330kV或110kV母差失灵保护动作出口信号，断路器间隔及启动信息无需上送；110kV应上送母联及分段断路器充电保护动作，110kV出线间隔断路器充电保护信息应取消
48	在变电站无人值守后为便于监控和准确分析判断异常事故，原有的部分信息为软报文，需要改为硬触点信号。如“保护动作”“重合闸动作”取装置软报文，无人值守变电站改造要求取硬触点
49	部分装置遥信信号命名不规范、不清楚，是保护装置发出的信号或操作箱信号没有区分清楚
50	变电站部分信号在上送监控过程中，点号重合，导致多条信息合并
51	站用变的有载调压等遥调信号需要增加
52	遥测信号缺失较多，如各级母线电压的相电压、线电压、站用变的相电流、线电流、母线频率、站用变的温度等
53	位置信号中断路器的“远方/就地”把手位置没有设置，断路器测控中“检同期”和“检无压”取点错误，开放式手动隔离开关的主刀闸与接地刀闸位置取反，同一间隔内几个主刀闸之间或几个接地刀闸之间位置取反，接地刀闸位置信息未采样等问题较多
54	所有保护装置“闭锁”与“失电”合并为同一触点
55	一般应新增35kV、10kV、380V断路器机构箱内储能电机电源空气断路器跳闸信号，10kV断路器储能电机电源空气断路器跳闸及加热照明空气断路器跳闸信号，380V断路器就地/远方控制把手、自动空气断路器跳闸信号，备自投、站用变保护动作信号
56	直流部分需要完善Ⅰ号、Ⅱ号、Ⅲ号充电机模块故障，输入过压，Ⅰ号、Ⅱ号、Ⅲ号直流绝缘监测装置故障，1、2、3号直流屏母线接地，直流母线Ⅰ段、Ⅱ段正、负极接地信号
57	UPS部分需完善Ⅰ号、Ⅱ号UPS装置故障、交流输入告警、直流输入告警、输出告警
58	需增加故障录波器装置的“装置失电”“装置故障”信号，测控装置的“测控装置失电闭锁”信号，全站同步时钟系统告警、失电信号，消防、安防系统告警等信号

3. 无人值守变电站改造过程中常见各类问题分析

（1）断路器、隔离开关“远方/就地”把手位置信息主要问题。变电站后台机有此信息，远动库没有，需修改远动库。部分同一间隔内的断路器和隔离开关在告警直传中描述错误。部分同一间隔内的断路器和隔离开关的位置信息只上传A、B、C三相中的某一相，或只上传总位置，不进行分相上传，有的将“合”与“分”点号取反。接地开关位置合分位置信息缺失较多，需要敷设电缆、增加点号。断路器测控“远方/就地”把手位置没有设置，监控主站缺少信号较多，未接入到控制回路里，而且在监控中缺少画面。

（2）遥测信息问题。母线相电压、线电压缺少，需要补点。断路器及线路相电流、线电流、有功功率、无功功率、频率、功率因数等缺少较多，需要补点。站用变及380V系统的遥测量几乎没有采集，需要敷设电缆，增加点号。

（3）遥控遥调问题。站用变挡位位置遥信未接入主站后台，380V低压断路器不能遥控，需将站用变、380V低压断路器遥控点号接入，并进行遥调实验。

（4）装置遥信问题。保护TV断线、保护TA回路异常信息，监控主站光字牌命名混淆较多，需要修改。部分测控装置告警直传缺少“保护装置动作”“保护装置重合闸出口”“装置故障”“装置异常”“装置告警”信息。零序、过流及距离Ⅰ、Ⅱ、Ⅲ段保护动作信息，主站分类错误或点号取反，信息中装置型号错误。

第二节　无人值守变电站管理

无人值守变电站信息集中监控、运维集中进行，按照无人值守变电站电压等级、在电网中的重要性将其分类，按照差异化的运检工作标准和要求，进行整体管理、分层把控、重点运检的体系逐层逐级管理变电站的运行维护。

一、业务划分

无人值守变电站的一切业务，都应按照国家电网公司无人值守变电站运行管理的标准进行划分，各项业务直接统筹协调管理，无缝衔接。具体业务职责划分如下。

1. 设备监控人员对无人值守变电站进行的业务

（1）变电站运行工况监控。负责调整系统负荷、无功、电压，监视VQC运行情况，及时投切电容器和调整主变挡位，保证10kVA类母线电压、系统功率因数、电力市场负荷曲线等运行指标符合要求；监控值班员对无人值班变电站进行远方监视，每隔一小时巡视一次各无人值班变电站的一次主接线图、变位库、运行工况、光字牌、运行监视图及功率平衡表等，高峰高温及气候恶劣时，应增加巡视次数；发现异常情况，及时汇报当值调度员。

（2）在输电线路上工作，断路器由运行改为热备用操作由监控员完成。在输电线路上进行带电工作，停用重合闸，退出软压板操作由监控员完成。

（3）35kV及以下电压等级变电站选接地操作，由监控人员进行试拉路操作。

（4）有载调压变压器调压操作和投退电容器、电抗器操作由监控人员操作。系统电压无功自动调节装置（AVC）正常运行时，由AVC系统自动操作变压器调压装置、自动投切补偿电容器和电抗器。当AVC系统不能正常运行时，由监控人员远程操作以上设备。

（5）系统发生各类信号、信息，应根据性质、现象等及时作出处理。事故情况下，事故处理初期拉合断路器操作由监控人员完成。当运维人员到达事故现场后，事故处理的所有操作在调度员的统一指挥下，由运维人员执行操作。

（6）做好监控值班记录、统计开关跳闸次数并上报、及时填写缺陷单等，保证有关记录的完整性，在交接班时应对系统异常情况交待清楚。

（7）在当值调度员的监护下，对设备实施正常遥控操作。

（8）检查调度自动化系统动作的正确性，督促有关人员保证调度自动化系统的正常运行。

2. 运维站或者运维班执行的业务

（1）变电站一、二次设备巡视。

（2）变电站设备倒闸操作。

（3）辅助设施维护。

（4）C、D类检修由运维站人员完成（C、D类检修的具体内容参见第二章第三节典型维护类检修项目）。

（5）部分外包施工的维护工作，由运维车间负责管理，变电运维站运维人员进行现场监督。

（6）运行类维护、检测工作。在运维人员培训、配置优化后，经各单位设备运检部及安监部共同审查批准后，在确保作业安全的前提下可扩大维护类检修及消缺作业范围。

（7）电缆沟道、变电站建筑物、构筑物及通风、排水等辅助及附属设施的维修，防火防鼠封堵等工作可由外包施工单位进行，由运维车间负管理职责，运维班现场监督。

（8）常规带电检测。运维站负责所管辖无人值守变电站一、二次设备红外热成像普通测试、开关柜地电波检测、铁芯及夹件接地电流检测和变压器噪声检测等常规带电检测工作。

（9）运维站负责所辖变电站信息系统应用。负责所管辖无人值守变电站生产管理系统PMS、调度一体化系统OMS、安监一体化系统、可靠性等系统的设备台账建立、相关运行检修记录录入、工作票办理、操作票填写、设备运行履历填写等工作。

3. 运维站巡视业务

（1）每月应组织运行分析会进行设备评级及评价，并根据设备状态评价和设备评级结果，调整设备巡视周期。

（2）重大保电、气候突变以及高温、高负荷期间不得延长巡视周期。

（3）在巡视中如发现重大缺陷和隐患，应立即汇报，并进行特巡，重大缺陷和隐患消除后重新进行评价，调整巡视周期。

（4）实施状态巡视后，每季度仍需进行一次设备集中、全面的巡视。

（5）运维人员巡视一、二次设备时应同时巡视检查变电站内的调度数据网设备。

（6）巡视维护所辖无人值守变电站内的保护信息子站设备，确保保护信息子站设备正常运行及信息的完整性和正确性。子站设备指变电站、开关站、牵引站、换流站、火电厂、水电厂、核电厂、风电场、光伏电站等各类厂站的自动化系统和设备，主要包括厂站监控系统、远动终端设备（RTU）及与远动信息采集有关的变送器、交流采样测控装置、相应的二次回路、电能量远方终端、配电网调度自动化系统远方终端、电力调度数据网络接入设备、厂站二次系统安全防护设备、相量测量装置（PMU）、计划管理终端、时间同步装置、自动电压控制（AVC）子站、向子站自动化系统设备供电的专用电源设备、连接线缆、接口设备及其他自动化相关设备。

二、无人值守变电站业务管理

由于无人值守变电站的运行模式和运行维护业务等发生了重大变化，使得无人值守变电站的相关业务和管理工作与有人值守变电站有区别。接下来主要介绍无人值守变电站新增业务、特殊管理。

1. 设备巡视

运维站负责无人值守变电站的设备巡视工作。无人值守变电站的设备巡视检查，分为例行巡视、全面巡视、专业巡视、熄灯巡视和特殊巡视。

（1）例行巡视指对站内设备及设施外观、异常声响、设备渗漏、监控系统、二次装置及辅助设施异常告警、消防安防系统完好性、变电站运行环境、缺陷和隐患跟踪检查等方面的常规性巡查，具体巡视项目按照现场运行规程执行。例行巡视750kV、500kV（330kV）变电站每3天不少于1次；220kV变电站每周不少于1次；110kV（66kV）、35kV变电站每两周不少于1次。

（2）全面巡视指在例行巡视项目的基础上，对站内设备开启箱门检查，记录设备运行数据，检查设备污秽情况，检查防火、防小动物、防误闭锁等有无漏洞，检查接地网及引线是否完好等方面的详细巡查。全面巡视 750kV、500kV（330kV）变电站每 15 天不少于 1 次；220kV 变电站每月不少于 1 次；110kV（66kV）、35kV 变电站每两月不少于 1 次。

（3）专业巡视指为深入掌握设备状态，由运维、检修、设备状态评价人员联合开展对设备的集中巡查和检测。专业巡视 750kV、500kV（330kV）变电站每季度不少于 1 次；220kV 变电站每半年不少于 1 次；110kV（66kV）、35kV 变电站每年不少于 1 次。

（4）熄灯巡视指夜间熄灯开展的巡视，重点检查设备有无电晕、放电现象，接头有无过热现象。熄灯巡视每月不少于 1 次。

（5）特殊巡视指因设备运行环境、方式变化而开展的巡视。遇有以下情况，应进行特殊巡视：①大风前后；②雷雨前后；③冰雪、冰雹、雾霾；④新设备投入运行后；⑤设备经过检修、改造或长期停运后重新投入系统运行；⑥设备缺陷有发展时；⑦异常情况下的巡视，包括过负荷或负荷剧增、超温、设备发热、系统冲击、跳闸等；⑧法定节假日、上级通知有重要保供电任务时。

运维站每月应结合停电检修计划、带电检测、设备消缺维护等工作制定巡视计划，提高运维质量和效率。

（6）巡视项目和标准按照各单位审定的标准化巡视作业指导书（卡）执行。

（7）巡视中如有紧急异常或事故处理需要，运维人员应立即停止巡视，参与处理完后，再继续巡视。

（8）运维站站长、副站长、专业工程师（技术负责人）应每月至少参加一次巡视，监督、考核巡视检查质量。

（9）监控和运维人员联合巡视。集中监控变电站每季度对设备进行一次监控和运维联合巡视，结合站端专业巡视、主站全面巡视工作，共同核对运行方式、遥测、遥信和异常信息检查。监控单位整理每一个变电站常亮光字牌、频发信息、监控系统缺陷、电网设备缺陷。运维站巡视人员包括运行、自动化、保护运维人员，主要根据监控部门提供的异常光字牌、缺陷，检查一、二次设备运行工况，并及时组织消缺，对暂时不能消除的缺陷制定消缺计划。在联合巡视前三天，监控单位按照表 1-2 整理主站端常亮光字牌、监控系统缺陷、遥测、遥信缺陷，下发至运维单位。运维单位按照监控单位下发的缺陷单，组织人员分析后，合理安排保护、自动化、运维人员联合巡视。运维人员在进出无人值守变电站时，应及时告知该变电站所属安防消防监控人员。

表 1-2　　联合巡视核对表

	监控下发需核实缺陷	运维单位反馈意见
站名		
监控巡视人		
现场运维巡视人		
巡视时间	年　月　日　时　分	
本站常亮光字牌		
本站遗留电气设备缺陷		
本站遗留监控系统缺陷		
运行方式（包括站用系统、直流系统运行方式）		
遥测信息		
备注		

2. 设备定期维护

变电站定期维护项目包括一次、二次设备，备用电源，通风系统，变电站远动机，PMU 装置，测控装置，时钟同步装置，消防、照明等辅助设施的轮换、试验、检查等内容。运维站结合变电站地域分布、人员、环境、设备等情况，制订定期维护工作计划。

（1）定期轮换、试验工作应包括闭锁高频保护通道测试，结合巡视进行；事故照明每季度试验一次；主变备用冷却器每季度轮换一次；主变冷却电源自投功能每季度试验一次；备用充电机每半年启动一次；站用变每半年切换一次。

（2）日常维护工作应包括避雷器泄漏电流抄录，结合巡视进行；开关跳闸记录填写，当班完成；避雷器动作次数抄录每月一次；蓄电池测量每月一次；蓄电池全核对性放电试验每年一次；微机保护装置时钟每月核对一次；排水、通风系统每月维护一次；防小动物设施每月维护一次；安全工器具每月检查一次；剩余电流动作保护器每季试验一次；消防设施每季度维护一次；室内、外照明系统每季度维护一次；机构箱加热器及照明每季度维护一次；安防设施每季度维护一次；防误装置每半年维护一次；锁具每年维护一次；强油风冷主变带电水冲洗（迎峰度夏前）。

3. 设备带电检测、在线检测

（1）带电检测的设备范围主要包括变压器、组合电器、断路器、隔离开关、互感器、耦合电容器、避雷器、穿墙套管、高压电缆、开关柜及其他相关二次设备等。

（2）带电检测项目主要包括红外热成像检测、油色谱分析、SF_6 气体组分分析、高频局部放电检测、超高频局部放电检测、超声波局部放电检测、暂态地电压检测、铁芯接地电流检测、相对介质损耗因数和电容量测量、泄漏成像法检测、金属护套接地系统、避雷器泄漏电流检测等。

（3）带电检测周期。红外检测：500kV（330kV）及以上变电站每 2 周 1 次，220kV 变电站每月 1 次，110kV（66kV）及以下变电站每季度 1 次，迎峰度夏期间要增加检测频次。其他带电检测项目，检测周期按照国家电网公司《电力设备带电检测技术规范》有关规定执行。

（4）带电检测异常处理。检测人员检测过程发现数据异常，首先应排除外部干扰及检测设备等因素。仍有异常，应立即上报本单位运维检修部。对于 220kV 及以上设备，应在一个工作日内将异常情况以报告的形式报省公司运维检修部和省设备状态评价中心。省级设备状态评价中心根据上报的异常数据在一个工作日内进行分析和诊断，必要时安排复测，并将明确的结论和建议反馈省公司运维检修部及运维单位，安排跟踪检测或停电检修试验。因检测数据异常而退运的设备，由省公司运维检修部根据情况安排省设备状态评价中心等单位做好后续分析工作。

4. 高压电缆和氧化锌避雷器

由于近年来高压电缆和氧化锌避雷器故障率较高，在此重点介绍这两种设备的运维要求。

（1）高压电缆的巡检项目包括检查电缆终端外绝缘是否有破损和异物，是否有明显放电痕迹，是否有异味和异常声音；检查电缆是否存在过度弯曲、过度拉伸、外部损伤、雨水浸泡、接地连接不良、终端（包括中间接头）电气连接松动、金属附件腐蚀、电缆支撑点绝缘磨损等危及电缆安全运行的现象。引入室内的电缆入口处应封堵完好，电缆支架牢固、接地良好。

（2）对高压电缆带电检测包括红外热像检测无异常温升；紫外成像检测无明显电晕放电，外护层接地电流测试判断结合电缆所带负荷评估；电缆终端机中间接头高频局部放点检测无典型放电图谱为正常，有典型放电图谱为异常。

在线监测主要检测温度、水位、气体、局部放电、接地电流等参数，准确掌握设备运行状态和健康水平。电缆在线监测重点是对电缆本体、电缆终端、中间接头、接地箱等设备进行温度、局部放电、接地电流监测；根据通道运行情况，对沟道、隧道等设施进行视频、水位、气体、温湿度监测。

（3）金属氧化锌避雷器巡检项目包括瓷套无裂纹，复合外套无电蚀痕迹，无异物附着，均压环无错位，高压引线及接地线连接正常。

（4）对氧化锌避雷器带电检测项目包括红外热成像避雷器本体及电气连接部位无温升，紫外成像无明显电晕放电，运行中持续电流检测运行电压下全电流和阻性电流值与初始值比较无明显变化，各相所测值无明显差异。

运维班组及时提交检测报告，并进行汇总分析检测、监测数据，持续完善典型案例和图谱库，提高缺陷发现和分析判断水平，为技改大修项目立项提供科学依据。

5. 在线监测系统运行维护

变电站的在线监测系统包括变压器和电抗器油色谱分析在线检测系统、铁芯接地电流在线检测系统、避雷器接地电流在线监测系统等。

变电运维班组负责变电站内站端监测系统的日常巡视和维护，巡视周期与被监测设备的巡视周期一致。在特殊情况下，如被监测设备遭受雷击、短路等大扰动后，或监测数据异常，以及在大负荷、异常气候等情况时应加强巡视检查。

（1）站端系统巡视内容。检查监测装置的外观应无锈蚀、密封良好、连接紧固；检查电缆（光缆）的连接无松动和断裂；检查油气管路接口应无渗漏；检查就地显示装置应显示正常；检查数据通信情况应正常；检查监测装置的供电应正常；检查站端监测单元运行应正常；在被监测设备充电、倒闸操作及其他可能影响在线监测系统运行的情况下，应及时检查相关监测装置工作是否正常。

（2）电气试验班组负责站端监测装置的检修维护、定期校验和异常处理。

（3）状态评价班组负责定期对监测数据进行监视与分析应用，负责利用系统监测数据开展状态评价工作。

（4）变电二次运检班组负责站端 CMA、CAC 设备维护及其与站端监测装置之间的网络通信维护。

（5）配电运检班组负责配电在线监测装置的日常巡视、检修维护、定期校验和异常处理。

（6）电缆运检班组负责电缆在线监测装置的日常巡视、检修维护、定期校验和异常处理。

6. 典型维护类检修项目

运行类维护指由运行人员进行的设备维护及检测工作。

维护类检修指无需使用大型机械，无需专业检测、调试设备，不涉及复杂停电及安全措施，不涉及设备整体或重要部件更换、设备大范围拆卸及带电作业等的C、D类检修工作。

专业化检修指除维护类检修外的其他大型检修、技改等工作，一般由检修中心（或检修班）进行。

表 1-3　　国家电网公司 C、D类检修项目

设备	级别	运维项目
变压器	C级	例行试验
		停电瓷件表面清扫、检修、补漆
	D级	普通带电测试：红外线测温
		专业带电测试：超高频、超声波局部放电检测，油色谱带电检测分析等
		带电维护：带电更换硅胶
		散热器带电水冲洗
		专业退检
		带电渗漏油处理
		冷却系统的指示灯、空气断路器更换
		冷却系统的风扇、电机更换
		变压器油色谱在线监测装置载气瓶更换、渗漏油处理
断路器	C级	例行试验
		操动机构检查
		停电外观检查、清扫、补漆
	D级	普通带电测试：红外线测试、SF_6 气体定性检漏
		专业带电测试：SF_6 气体组分测试
		不停电操动机构处理
		专业退检
隔离开关	C级	停电清扫
		导电回路检查、维护
		接地开关检查
		传动机构检查、维护、加润滑油
		机构箱检修
	D级	带电测试：红外线检测
		不停电操动机构检查处理

续表

设备	级别	运　维　项　目
电流互感器	C级	例行试验
		停电外观检查、清扫、补漆
	D级	普通带电测试：红外线检测、接地导通测试
		专业带电测试：相对介损测试
		带电防腐处理
		专业退检
电压互感器	C级	例行试验
		停电清扫、检修、维护
	D级	带电测试：红外线测试、接地导通测试
		熔丝更换
		专业退检
母线	C级	母线桥清扫、维护、检修
	D级	带电测试：红外线测试
		专业退检
避雷器	C级	例行试验
		停电清扫、检查、维护
	D级	带电测试：红外线测试、接地导通测试
		带电测试：阻性电流测试
		在线监测仪更换
		专业退检
耦合电容器	C级	例行试验
		停电清扫、检查、维护
	D级	带电测试：红外线测试、接地导通测试
		带电测试：相对介损、高频局放测试
		专业退检
继电保护装置	C级	保护装置及二次回路例行试验
		保护装置及二次回路诊断性试验
		继电保护装置原件或继电器更换
		保护装置版本更新、软件升级
		高频通道、光纤通道联调
		保护及自动装置改定值
		保护装置消缺
	D级	保护差流检查、通道检查
		继电保护专业巡视
		保护装置、二次回路红外线测试
		故障录波器消缺
		保护子站消缺
		GPS装置消缺
		保护用交流设备消缺
		保护屏柜内设备不停电消缺
		二次封堵

续表

设备	级别	运 维 项 目
监控装置	D级	专业退检
		自动化信息核对
		监控后台机系统除尘
		监控系统及测控装置红外线测试
		后台机、远动机重启
		测控装置一级故障处理
		常规及紧急缺陷处理
直流系统	D级	带电监测：红外线测试
		带电监测：直流系统稳压、稳流精度测试
		蓄电池动静态放电测试，定期切换测试
		外观清扫检查
		专业退检
所用电系统	D级	带电红外线测试
		带电维护：带电清扫、检查、定期切换试验
		专业退检
电容器	C级	清扫维护、检查、处理
	D级	专业巡视
		带电红外线测试

电网设备A、B类检修实行状态检修，即对设备进行C、D类以外的停电检修，需要按照设备的运行状态、健康状况评估后决定是否进行检修。

对运行设备进行状态评估需要收集相关运行、监控、历史试验数据、带电检测数据、在线监测数据、跳闸记录、不良工况等信息。各类设备需要收集的信息包括投运前信息、运行信息、检修试验信息、专题图信息和家族缺陷信息。

运维班组通过对设备状态信息的分析和评价，确定设备状态级别，提出班组初评意见。

7. 新、改（扩）建间隔及新建变电站验收投运

新、改（扩）建间隔及新建无人值守变电站投运前验收按照资料验收、基建验收、电气验收三大项进行。

（1）电气验收。电气验收是变电站或变电站新建间隔投运前验收的重点。电气验收包括遥测验收，遥调验收，遥信验收，遥控验收，主站画面及相关功能验收，一、二次设备技术验收及动作功能验收，按照以上项分步逐项进行。

无人值守变电站新间隔接入、旧间隔改造及在原有设备基础上扩建，必须

按照监控信息变更启动信息库改变和验收流程，并根据调管范围按照相应调度机构投运方案完成投运工作。

投运结束后，运维站及时与监控单位核对信息，办理监控业务移交手续。在监控责任未移交之前，运维站人员负责新投运设备监控业务。

（2）新建间隔或新建变电站电气验收的难点和易忽视处。

1）一次设备的隐蔽部分遗留缺陷或者隐患。如GIS设备罐体内设备安装对接工艺不符合标准要求，少装或漏装部分零部件。

2）保护装置功能接线、硬压板接线不正确，软压板功能投退不正确，保护装置定值整定不准确等。

（3）运行变电站新建间隔投运易出现的问题。

1）二次交直流回路不完善、漏接线、存在寄生回路、交直流回路混接。

2）投运操作时遗漏有关已投运间隔的保护回路。

例如，某330kV变电站内的一条330kV线路A因吊车碰线A相故障，线路保护动作跳开3341断路器，3340断路器未跳开（3/2接线方式），站内其余五回330kV线路对侧后备保护动作跳闸，该330kV变电站全停，构成五级电网事件。

保护动作情况：330kV线路A两侧PSL603GAM、CSC103C差动保护及距离Ⅰ段保护动作，线路另一侧跳开3360、3362断路器，故障变电站侧跳开3341断路器。由于故障线路保护跳3340断路器出口压板及启动3340断路器失灵压板未投入，故3340断路器未跳开。

压板未投原因分析：通过查看历史运行资料，故障线路投运时，由于同串的另一条330kV线路B还未建成，故障线路投运时未启动投运3340断路器，仅投运了3341断路器。该变电站第二年启动330kV第四串内另一条线路及3340、3342断路器操作时，未对已运行的A线路两套线路保护跳3340断路器出口压板及启动3340断路器失灵压板进行核对检查及投入操作。按照保护动作原理，A线路故障时，本线路保护动作，3340断路器不跳闸，3340断路器失灵保护也不能跳开相邻断路器，只能靠与本变电站相连的所有其他线路的后备保护动作，切除故障。在投运后近一年的巡视检查中，运维人员也未发现上述压板未投入。造成变电站全站失压事故，如图1-4所示。

8. 断路器常态化远方操作

当变电站的无人值守改造工作完毕，变电站所有信息实现了远程集中监控后，各级调控中心应对无人值守变电站断路器进行远方常态化遥控操作。

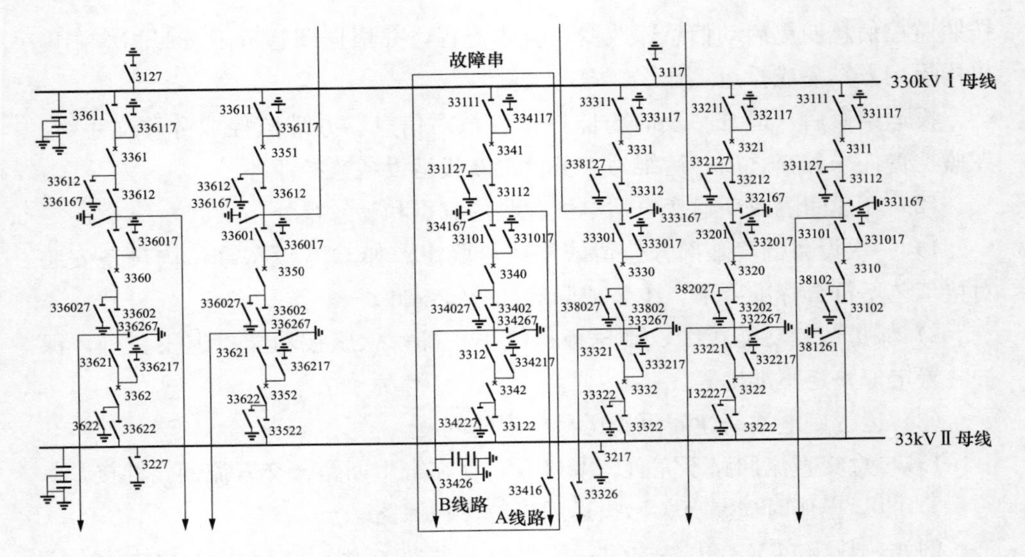

图 1-4　330kV 单元主接线图

(1) 进行断路器常态化远方操作前，运维单位应及时修订现场运行规程、典型操作票，确保调控与运维操作票衔接有序。运维站应梳理不具备远方遥控操作条件的断路器，经运检部审核后向调控机构报备，并注明原因、列出整改计划及传动计划。运维单位应梳理本单位主变中性点接地开关远方操作情况，列出不具备远方操作设备明细，并制定整改计划。新（改、扩）建设备试运行结束后，运维单位及时向各级调控机构报送相应间隔是否具备远方遥控条件。针对带有电磁式电压互感器的 35kV 及以下母线停送电操作时可能出现谐振过电压等特殊情况，运维单位需向调控机构按站提供设备特殊操作明细。运维单位应按照计划检修工作安排，按时到达变电站并做好倒闸操作准备。

(2) 进行断路器常态化远方操作前，调控机构应完成以下工作：各级调度按照解合环操作原则，梳理辖区电网倒负荷、解合环操作不涉及二次方式调整的设备明细表，并列出调控端具备远方操作的设备明细，对调控端不具备远方操作条件的设备制定整改计划。因调控端未开展断路器实控试验导致不具备远方操作时，各级调控机构应尽快编制断路器远方实控方案，加快开展断路器远方实控实验。省调应对其集中监控的无人值守变电站断路器进行远方常态化遥控操作，地区调控中心对其监控的 110kV 及以下变电站断路器进行远方常态化遥控操作。

(3) 调控中心的职责为：负责对具备远方遥控功能的断路器设备进行运行

转热备用、热备用转运行的操作，并通知运维单位设备已转热备用；负责向运维单位通知计划检修工作；负责下达倒闸操作调度指令。

断路器常态化遥控操作中调控中心的安全责任为：负责正确下达调度指令；对远方遥控设备的正确执行性负责；检查运维单位上送至调控端的遥测、遥信数据的完整性和正确性。

（4）运维单位的职责为：负责变电站现场设备巡视、检查，根据调度指令进行变电站现场操作；负责配合调控中心进行断路器远方操作、异常分析、处理和现场操作，对监控远方操作不成功情况进行消缺整改。

断路器常态化遥控操作中运维站的安全责任为：对变电站内一次、二次设备及视频等辅助系统的完好性负责，对现场设备检查、处理、操作的正确性和安全性负责；负责将完整、正确的遥测、遥信数据上送调控端；负责向调控机构报备不具备远方遥控操作的设备明细。

（5）调控中心断路器常态化遥控操作范围如下。

一次设备计划停送电操作：10kV 及以上线路断路器由运行转热备用、热备用转运行的操作；直接接地主变三侧断路器由运行转热备用、热备用转运行的操作，不接地 35kV 主变由运行转热备用、热备用转运行的操作，不涉及二次方式调整且中性点接地开关具备远方遥控条件的 110kV 主变由运行转热备用、热备用转运行的操作；35kV（10kV）电容器、电抗器开关由运行转热备用、热备用转运行的操作；单母线（含单母线分段）接线方式下母线由运行转热备用、热备用转运行的操作。根据电网电压需要，调整 10kV 及以上变压器分接头，投退 35kV（10kV）电容器、电抗器。不涉及方式调整的负荷倒供、解合环操作。对故障停运线路试送电操作。小电流接地系统查找接地时的线路试停操作。其他按调度紧急处置措施要求的断路器操作。

（6）允许进行常态化远方操作的断路器应满足以下全部条件：断路器已完成调控端实控试验；调控中心一端断路器、隔离开关、接地开关遥信位置与实际设备位置一致，且隔离开关在合位、接地开关在分位、保护投入正常；断路器及所属设备无严重及以上缺陷或异常；现场设备无检修工作；调控端监控系统运行正常，与站端通信正常，受控站监控职责在调控机构；一次、二次设备无影响断路器遥控操作的异常告警信息；站端监控系统、测控、保护等装置压板、把手状态应满足调控端远方操作要求；监控员未接到运维人员“该设备不具备远方操作”条件的汇报。

（7）当遇有下列情况时，不允许进行断路器远方操作：断路器未通过调控端实控验收；断路器正在进行检修；调控端监控系统异常，影响断路器遥控操作；一次、二次设备存在影响断路器遥控操作的异常告警信息；运维单位明确不具备远方操作条件的断路器；不具备远方同期合闸操作条件的同期合闸。

（8）调控端操作断路器时不考虑重合闸操作及重合闸长短延时投退的操作，运维人员应根据现场实际情况，在设备状态由热备用转冷备用（或转检修）时，改变重合闸投退方式。

对现场同期功能不能自适应的测控装置，调控端操作断路器时按照调度指令，在远方监控后台机投退检无压、检同期功能。

新（改、扩）建设备启动过程中断路器操作均由运维人员负责，设备投运正常且通过集中监控现场评估验收后，方可纳入常态化远方操作范围。

当调控端远方操作无法执行时，监控员应立即汇报相应调度，将现有调度指令作废，由调度员直接下令至现场操作。

不允许调控端和现场同时进行设备遥控操作。

（9）影响遥合的告警信息：断路器 SF_6 压力降低闭锁（合闸）；断路器 SF_6 压力降低告警；断路器空气（油压）压力降低总闭锁；断路器空气（油压）压力降低闭锁合闸；断路器弹簧未储能；断路器空气（油压）压力降低闭锁重合闸；断路器储能电机故障；330kV 断路器第一、二组控制回路断线；110kV 断路器控制回路断线；断路器操作箱控制电源消失；断路器辅助保护装置故障、装置异常；线路间隔 SF_6 压力降低告警、装置故障、装置通道异常、装置异常、收发信机装置异常、保护通信中断、测控装置故障、测控装置通信中断等信息。

（10）影响遥分的告警信息：断路器 SF_6 压力降低闭锁（分闸）；断路器空气（油压）压力降低总闭锁；断路器弹簧未储能；330kV 断路器第一、二组控制回路断线；110kV 断路器控制回路断线；断路器操作箱控制电源消失；测控装置故障。

（11）调控中心远方进行线路停送电操作原则：联络线停送电操作，如一侧为发电厂另一侧为变电站，一般在发电厂侧解合环，变电站侧停送电；如两侧均为变电站，一般在短路容量小的一侧解合环，短路容量大的一侧停送电；3/2 接线方式线路送电时，先合母线侧断路器，后合中间侧断路器；停电时，先拉开中间断路器，后合上母线侧断路器。

（12）调控中心远方进行变压器停送电操作原则：变压器送电时，先合上电源侧断路器，后合负荷侧断路器；停电时，先断开负荷侧断路器，后断开电源侧断路器；变压器在倒换中性点时，应当先合上未接地变压器中性点接地开关，再拉开原来的变压器中性点接地开关；变压器由运行转热备用前，现场运维人员应提前转移所用系统负荷。调度员在下达调度指令前，与运维人员确认所用系统负荷已转移，变压器操作不影响所用系统；变压器停电前，监控员征得调度员同意后，退出该站 AVC 系统；变压器送电后，监控员征得调度员同意后，投入该站 AVC 系统。电容器、电抗器停送电时应按照要求进行 AVC 系统投退。对于需要现场配合的计划检修操作，调控端远方操作应在运维人员到达现场后进行，并由现场运维人员负责确认断路器状态。

（13）调控中心远方进行电压调整操作原则：同一变电站电容器、电抗器不允许同时运行，电容器切除 5min 后方可再次合闸；变压器过负荷时禁止调整分接头，调整分接头时密切关注挡位变化情况，发现滑挡时立即采取急停措施；调整变压器分接头前检查无变压器过负荷、有载轻瓦斯动作、有载调压装置故障、有载调压电源故障等告警信息；电容器、电抗器操作前应检查断路器间隔无弹簧未储能、SF_6 压力降低告警（闭锁）、控制回路断线、测控装置故障等告警信息，操作后确认电容器、电抗器无功及三相电流平衡。

（14）调控中心远方进行不涉及方式调整的负荷倒供、解合环操作原则如下。

解环原则：解环前调度员应当平衡各部分有功和无功负荷，确保解环后系统各部分电压质量在规定范围之内，不会因解环引起潮流重新分布超过继电保护、系统稳定和设备容量等方面的限额。

合环原则：监控员进行远方合环操作前，应检查合环两侧电压差在 20%之内。调度员下达合环操作指令前，应先进行模拟计算，确保合环时不因环路电流过大引起潮流的变化而超过继电保护、系统稳定和设备容量等方面的限额。针对测控装置检同期、检无压功能无法自适应的情况，监控员进行合环操作前，应视情况投入检同期、检无压功能。

（15）调控中心远方进行故障停运线路试送操作原则。同时满足以下条件者，方可对故障线路远方试送一次：根据线路保护动作信息明确判断本线路故障；下级设备故障导致线路跳闸，故障设备已隔离；线路跳闸时无其他断路器跳闸、母差保护、母线失灵保护、断路器失灵、三相不一致保护动作信息；对于带高压电抗器运行的线路，线路故障跳闸的同时，高压电抗器无告警、保护动作信息；故障线路间隔无影响正常运行的异常告警信息；通过工业视频系统未发现故障线路间隔有明显故障。

（16）遇以下情况不允许对线路远方试送：电缆线路；带电作业线路；发生相间故障线路；断路器有缺陷或遮断容量不足的线路；运维单位人员汇报由于严重自然灾害、山火等导致线路不具备恢复送电的情况；试运行线路；用户有特殊要求不允许试送；其他不允许试送的情况。

（17）以下线路查线无异常后，方可进行试送：空载充电线路；线路跳闸后，经备用电源自动投入已将负荷转移到其他线路，不影响供电的线路。

线路试送电前应检查的项目包括对具备视频条件的变电站利用视频系统检查；试送间隔一、二次设备不存在影响操作的异常告警信息，断路器三相电流、线路有功、无功均显示为零。

线路试送电后检查项目包括三相电流显示基本平衡，无影响正常运行的异常告警信息；对短线路，试送后采取本侧与对侧电压比对。

运维人员在故障线路未试送时已到达变电站，待运维人员检查站内设备无异常后，方可进行远方试送。

（18）调控远方进行小电流接地系统查找接地线路试停操作原则：发生接地故障后调控员按照架空线、电缆线；长线路、分支线多线路；小负荷、重负荷线路；不重要、次要、重要用户顺序进行接地选检，最后拉开母线无功补偿电容器断路器及空载线路；重要用户、部分煤矿、小水电线路在发生接地故障时原则上不应进行拉路，若必须进行拉路选检时，需与用户管理方或用户沟通后方可进行拉路，严防用户失去保安电源。

（19）无人值守变电站调控方倒闸操作原则为：发布指令按照计划检修工作，各级调度将调度指令票分解为调控端遥控操作的调度指令和运维站操作的调度指令。调度员应通过录音方式下达遥控操作指令给监控员。各级调度对下达操作指令的正确性负责；监控员接受调度指令时，必须询问清楚操作目的，并核对当前设备运行方式与调度要求相符。调控员严格执行调度指令票发令、复诵、录音、记录、汇报制度。监控员接收各级调控机构调度指令必须复诵无误后方可执行；拟写监控操作票调管权和监控权不一致的设备遥控操作，各级调控机构监控员遥控操作前必须根据调度指令拟写遥控操作票，遥控操作票填写必须符合《国家电网公司电力安全工作规程》《青海电力系统调度规程》的相关要求；调管权和监控权一致的设备遥控操作，可依据调度指令票进行远方遥控操作；事故、异常情况下断路器遥控操作，可不拟写监控操作票，但应做好相应运行记录；执行调度指令，遥控操作实行监护制度，一般由副值监控员操作，主值监控员监护，整个监护过程采用电子签名确认方式进行。操作时，确认变电站名称、编号、点号，正确后方可执行。操作后应以遥测和遥信两个指示同时发生变化作为判据，同时观察是否有其他异常的伴随信号。监控员对操作的正确性负责；因调控端远方操作无法执行改由现场操作时，现场运维人员直接与调度员联系操作。

（20）无人值守变电站调度业务联系流程。各级调控机构将计划检修工作同时通知各级调控机构监控员和运维站，监控员和运维站做好相应记录；各级调控机构在下达调控端遥控操作指令前，需与监控员核实调控端是否具备远方操作条件；设备状态改变前后监控员与运维人员均要告知对方设备状态，共同核对信息；运维人员在运维中发现设备有影响操作的缺陷时，及时汇报各级调控机构；各级调控机构调度员向运维人员发布调度指令前，再次与运维人员核对设备状态。

9. 无人值守变电站运行业务交接

（1）无人值守变电站正常运行中，出现由于远程监控系统问题、厂站端与主站端通信问题、远程监控系统需要计划检修维护、变电站内主变或断路器等重要设备发生严重故障危及电网安全稳定运行、调控端因各种原因无法监视到变电站整站或单间隔信息、变电站频发或大量误发信息影响信息正常监视时，应将所监控变电站恢复有人值班方式。

（2）在检修、特殊方式下，发生 N-1 故障，对电网结构影响较大、存在 220kV 及以上变电站任一电压等级母线全停风险时，一台主变检修，运行主变存在 N-1 过载 1.2 倍以上的风险时，重大活动保电期间等情况下，无人值守变电站恢复有人值守方式。

（3）恢复有人值班前的准备工作。对进入变电站值班人员进行有关业务培训，包括有人值班变电站相关规定、站内设备的调度管辖范围、各级调度人员名单、各级调度紧急联系方式、电网调压策略、电网调压曲线、变电站稳控动作策略、主变负荷限额、重要断面潮流限额等。运维单位对所管辖变电站自动化系统进行一次全面专业性巡视检查，消除缺陷。对无法立即消除的缺陷，应采取不影响现场监控的临时措施。对变电站监控后台机信息进行一次全面梳理，现场值班人员必须清楚本站后台机的信号情况，并及时复归后台信息。对变电站的通信设施进行一次全面检查，并与各级调度及监控部门进行一次通话测试。检查变电站内的调度通讯录是否为最新，特别是调度通信中断时紧急联系方式，站内值班人员应清楚。在监控权交接时间前，值班人员必须到变电站。

(4) 恢复有人值班前的监控权交接。监控室（中心）进行变电站监控权移交时，现场值班员应与值班监控员按照监控权移交信号核对表逐项核对信息，确认无误后，双方签名，由接收人员接收监控权，变电站正式恢复有人值班模式运行。在监控权移交过程中发生电网事故、设备异常等紧急事件时，应立即停止移交，监控权由原监控单位继续行使，变电站人员配合处理事故及异常。

(5) 变电站恢复有人值班模式后业务流程。变电站恢复有人值班后，现场业务均由现场人员直接与各级调度联系。现场巡视发现缺陷、异常、事故跳闸等事件，变电站人员直接汇报各级调度。调度操作任务由各级调度直接发布给变电站现场。变电站日常管理及设备巡视按照正常工作流程进行。

(6) 监控权收回。监控单位收回监控权时，以调度通知时间为准，由监控单位逐个通知变电站进行监控权移交。移交时现场值班员与监控员按照监控权移交信息核对表（见表 1-4）逐项核对信息，确认无误后，双方签名，由监控人员接收监控权。监控权移交过程中发生电网事故、设备异常等紧急事件时，立即停止移交，监控权由变电站继续行使，处理事故及异常。

表 1-4　××变电站监控权移交信息核对表

交接内容	存在问题	
通信状态		
设备状态		
遥测量核对		
信息核对		
交接时间		
交接人签名	监控人员：	变电站人员：
备注		

10. 特殊状态管理

当发生事故、重大异常、火灾、水灾、地震、人为破坏、灾害性天气、重要保电任务、综合自动化设备通信中断等情况都视为特殊状态。

无人值班变电站的事故、异常处理可按以下三级情况处理：

(1) 一级情况：值班人员必须立即赶赴现场处理的异常、障碍、事故，如断路器跳闸重合不成功、母线故障开关跳闸、主变跳闸、通风故障、主变温度过高、断路器操作气压降低、断路器 SF_6 气压降低、直流电源消失、断路器跳闸回路闭锁、TV 二次熔丝熔断等。

处理要求：运维站值班人员接到调控人员通报的事故信息后立即安排车

辆、人员到现场进行事故检查。值班人员到达现场根据事故信息进行设备检查，发现故障点以后，隔离故障设备，并汇报调控中心故障点和可以恢复供电的设备。依据调度指令进行负荷转移、倒闸操作和安全措施的布置。

办理事故抢修单、工作票，配合专业人员进行事故处理，做好设备验收工作。事故处理完毕，汇报调控中心，根据调度下达的操作指令进行倒闸操作。事故处理完毕恢复运行1～2h后对设备巡视无异常，汇报监控、调度及工区当值人员，方可撤离故障现场。处理完毕，做好相关记录。

（2）二级情况：值班人员可在1h（根据路途远近和天气情况）之内赶赴现场处理的异常及事故，如直流接地、线路永久性接地、轻瓦斯动作、近距离保护动作断路器跳闸重合成功等。

处理要求：运维站值班人员接到调控中心事故信息后立即安排车辆、人员到现场进行事故检查。值班人员到达现场根据异常信息进行设备检查，判断异常性质并及时汇报调控中心，需停电处理时向调控中心提出申请。办理工作票，配合专业人员进行事故处理，做好设备验收工作。变电站通信中断无法恢复时，值班人员必须留人职守，直到通信恢复正常。

异常未消失时，值班人员不得撤离现场，异常处理完毕立即汇报监控、调度及工区相关人员，并做好相关记录。

（3）三级情况：可以按无人值班站的设备巡视周期，待操作班人员到现场巡视检查时要处理的异常，如线路瞬间接地、断路器遥控操作、远距离保护动作断路器跳闸重合成功等。

运维站人员可根据上述三级情况分级进行检查处理。对比较明确的异常情况，可不必先去现场检查，直接汇报工区值班人员，与专业人员一起去处理，如保护装置故障、保护装置告警、断路器 SF_6 压力降低等情况。

处理要求：操作可结合设备巡视和维护工作进行。

在特殊状态下，运维站可指定本站值班人员1～2人到所辖无人变电站进行现场值班，主要进行设备的特巡、设备缺陷的监视及在监控中心系统故障后对本站设备运行工况进行监视等。

运维站站长应合理安排特殊状态下的人员值班。

特殊状态下到站值班的人员应严格遵守变电站值班管理制度、《安规》及其他规程制度的要求，杜绝违章作业。

11. 监控人员对无人值守变电站监控信息处置

监控信息处置以“分类处置、闭环管理”为原则，分为信息收集、实时处置、分析处理三个阶段。

(1) 信息收集。调控中心值班监控人员（以下简称“监控员”）通过监控系统发现监控告警信息后，应迅速确认，根据情况对以下相关信息进行收集，必要时应通知变电运维单位协助收集。需收集信息包括告警发生时间及相关实时数据、保护及安全自动装置动作信息；断路器变位信息；关键断面潮流、频率、母线电压的变化等信息；监控画面推图信息；现场影音资料（必要时）；现场天气情况（必要时）。

(2) 实时处置包括事故信息实时处置、异常信息实时处置、越限信息实时处置、变位信息实时处置和告知类监控信息处置。

1）事故信息实时处置监控员收集到事故信息后，按照有关规定及时向相关调度汇报，并通知运维单位检查。运维单位在接到监控员通知后，应及时组织现场检查，并进行分析、判断，及时向相关调控中心汇报检查结果。

事故信息处置过程中，监控员应按照调度指令进行事故处理，并监视相关变电站运行工况，跟踪了解事故处理情况。

事故信息处置结束后，变电运维人员应检查现场设备运行状态，并与监控员核对设备运行状态与监控系统是否一致，相关信号是否复归。监控员应对事故发生、处理和联系情况进行记录，并按相关规定展开专项分析，形成分析报告。

2）异常信息实时处置。监控员收集到异常信息后，应进行初步判断，通知运维单位检查处理，必要时汇报相关调度。运维单位在接到通知后应及时组织现场检查，并向监控员汇报现场检查结果及异常处理措施。如异常处理涉及电网运行方式改变，运维单位应直接向相关调度汇报，同时告知监控员。

异常信息处置结束后，现场运维人员检查现场设备运行正常，并与监控员确认异常信息已复归，监控员做好异常信息处置的相关记录。

3）越限信息实时处置。监控员收集到输变电设备越限信息后，应汇报相关调度，并根据情况通知运维单位检查处理；监控员收集到变电站母线电压越限信息后，应根据有关规定，按照相关调度颁布的电压曲线及控制范围，投切电容器、电抗器和调节变压器有载分接开关，如无法将电压调整至控制范围内时，应及时汇报相关调度。

4）变位信息实时处置。监控员收集到变位信息后，应确认设备变位情况是否正常。如变位信息异常，应根据情况参照事故信息或异常信息进行处置。

5）告知类监控信息处置。调控中心负责告知类监控信息的定期统计，并向运维单位反馈。运维单位负责告知类监控信息的分析和处置。

（3）分析处理。设备监控管理专业人员对于监控员无法完成闭环处置的监控信息，应及时协调运检部门和运维单位进行处理，并跟踪处理情况；设备监控管理专业人员对监控信息处置情况应每月进行统计。对监控信息处置过程中出现的问题，应及时会同调度控制专业、自动化专业、继电保护专业和运维单位总结分析，落实改进措施。

三、无人值守变电站主要业务流程

1. 倒闸操作流程

运维人员操作资格、开票权限、接发令权限应有明确的管理规定，各人员资格经上级部门批准并公布。

（1）倒闸操作中以下情况明令禁止：无资质人员操作、无操作指令操作、无操作票操作、不按操作票操作、失去监护操作、随意中断操作、随意解锁操作。

运维人员应遵循设备倒闸操作相关流程和管理制度。

（2）设备检修计划及倒闸操作的预通知：省调值班调度员负责将已批复的网调调管设备计划检修工作和设备操作通知相应运维站；省调监控员负责将已批复的省调调管设备计划检修工作和设备操作通知相应运维站；地调值班调度员负责将已批复的地调调管设备计划检修工作和设备操作通知相应运维站、省调值班监控员；运维站人员接到各级调控机构的通知后，根据操作任务和检修计划做好倒闸操作的准备工作，并提前到达操作现场。

（3）操作指令下达：网、省、地调调管设备的正式操作调度指令由各级调控机构调度员直接下达至变电站运维人员。

（4）倒闸操作执行完毕后，现场运维人员将执行情况和操作时间汇报各级调度机构，涉及地调调管设备属于省调集中监控的操作，完成后还应及时汇报省调值班监控员。

地调调管线路计划检修，可能对无人值守变电站站用电系统造成影响的，各地调应提前与省检修公司协调，确认具备停电条件后方可安排计划检修工作。如果检修工作可能对省调监控设备造成影响，地调值班调度员应在检修工作确定后及时告知省调监控员。

无人值守变电站运维人员进行站内站用电设备倒闸操作前后均应告知省调监控员，省调监控员做好信息确认工作。

（5）经批准可以由检修人员进行的 220kV 及以下电压等级的电气设备操作，只能进行电气设备“热备用”转“检修”或“检修”转“热备用”状态的操作。

（6）监控远方操作无人值守变电站一次设备前，应对现场发出提示信号，提醒现场人员远离操作设备。操作完毕应通过间接方法准确判断设备位置。

远方进行继电保护操作时，至少应有两个指示发生对应变化，才能确认该设备操作到位。

（7）同一直流系统两端换流站间发生系统通信故障时，两换流站间的操作应根据值班调控人员的指令配合执行。

（8）远程操作交流滤波器或并联电容器时，退出运行后再次投入运行时间间隔应满足电容器的最短放电时间。

（9）计划性作业调控中心应至少提前一天将操作任务下达至运维站；临时性作业，调控中心也应尽早将操作任务下达至运维站，保证有充足的倒闸操作准备时间。

操作预令应由调控中心下达至相应的运维站，并告知正式操作预计时间，变电运维人员复诵无误后做好记录。变电运维人员对预令发生疑问时应及时与发令人联系，核实正确后再执行。

（10）调度将操作正令下达相应变电站现场，现场运维人员接令复诵无误后，方可开始操作，发令复诵过程双方应使用录音。（部分单位规定操作预令和正令都下至运维站有调度业务联系资格的值班人员，再由运维站将正式操作命令转发给现场操作负责人。此接发令方式便于运维站统一管理，但在操作命令转接过程中易造成误下令。因此，操作命令的转接全过程必须录音、复诵，确保命令执行的正确性）

（11）变电运维人员开始操作前应告知调控人员，应避免双方同时操作同一对象。

操作结束后，变电运维人员应向调度汇报，并与调控人员做好运行方式的核对。

运维站的典型操作票应有两份。一份是正常检修操作典型操作票，另一份是故障情况下的典型操作票。正常操作票与有人值守变电站一样。故障情况下的典型操作票应从设备的热备用状态开始操作。因为设备的故障隔离操作已经由监控员远程完成。

倒闸操作票和倒闸操作命令前必须加执行操作的变电站全称，防止走错变电站。

2. 工作票作业流程

(1) 运维站接到工作票后，应根据工作任务和无人值守变电站设备实际运行情况，认真审核工作票上所填安全措施是否正确、完善并符合现场条件。

工作许可时，运维站派出许可人员带好经审核正确的工作票到无人值守变电站现场办理许可手续，并在现场做好记录，许可完毕后及时汇报运维站。运维站人员接到许可人员的汇报后，应在相关记录簿上做好记录。设备检修工作许可开工后，现场运维人员应及时告知省调监控员，值班监控员应及时在检修设备上挂“检修”标示牌。

无人值守变电站实施的新建、改扩建工程，属于承发包工程的，工作票实行由设备运维单位和承包单位“双签发”。

无人值守变电站的第二种工作票可采取电话许可方式，但应录音，并各自做好记录。采取电话许可的工作票，工作所需的安全措施可由工作人员自行布置，工作结束后应汇报工作许可人，拆除自己做的安全措施。

(2) 工作间断时，工作负责人必须整理好现场、断开试验用电源、锁好门窗、所有安全措施保持不动，向运维站当值人员办理收工手续，运维站当值人员做好记录。

次日复工时，如检修设备安全措施无变动，工作负责人可以用电话形式向运维站当值人员办理复工手续，并进行全过程电话录音；如检修设备安全措施有变动，运维站必须派许可人员到现场重新履行许可手续。

(3) 第一、二种工作票延期，属于调控中心管辖、许可的检修设备，应通过值班调控人员批准，由运维站工作许可人与工作负责人办理工作延期手续。

检修工作临近结束前，工作负责人应预先与运维站联系，通知运维人员进行验收，运维站应及时安排人员到现场进行验收。

(4) 工作票终结后，验收人员及时向运维站汇报，并做好相关记录。值班监控员应及时拆除相关设备的“检修”标示牌。

运维人员实施不需高压设备停电或做安全措施的变电运维一体化业务项目时，可不使用工作票，但应以书面形式记录相应的操作和工作内容。

3. 缺陷处理流程

(1) 任何人员（部门）发现的缺陷均应由运维人员进行缺陷记录及消缺登记。运维人员应对缺陷进行初步检查和判断，按《输变电设备缺陷分类标准》及《设备缺陷管理办法》的规定进行危急缺陷、严重缺陷、一般缺陷的分类及记录和报告；维护类检修消缺工作由运维人员进行；需进行专业化检修的消缺工作由检修试验车间（专业化检修基地）进行，或由设备运检部安排其他检修力量进行；无论由检修试验车间（专业化检修基地）还是由运维人员进行的检修消缺工作，均应由运维人员进行消缺验收并纳入缺陷管理流程；无需停电、无需复杂安全措施及安全监护、无重大安全风险的消缺工作，可由运维车间直接联系检修试验车间实施。

电网设备缺陷管理主要包括缺陷的发现、建档、上报、处理、验收等全过程的闭环管理和检查考核等工作。

（2）设备缺陷按照对电网运行的影响程度，分为危急缺陷、严重缺陷和一般缺陷三类。危急缺陷指电网设备在运行中发生了偏离且超过运行标准允许范围的误差，直接威胁安全运行并需立即处理的缺陷，否则，随时可能造成设备损坏、人身伤亡、大面积停电、火灾等事故；严重缺陷指电网设备在运行中发生了偏离且超过运行标准允许范围的误差，对人身或设备有重要威胁，暂时尚能坚持运行，不及时处理有可能造成事故的缺陷；一般缺陷指电网设备在运行中发生了偏离运行标准的误差，尚未超过允许范围，在一定期限内对安全运行影响不大的缺陷。

（3）设备缺陷的处理时限。危急缺陷处理时限不超过 24h；严重缺陷处理时限不超过一个月；需停电处理的一般缺陷处理时限不超过一个例行试验检修周期，可不停电处理的一般缺陷处理时限原则上不超过三个月。

（4）缺陷处理后，启动验收流程，验收合格后，运检班组将处理情况和验收意见录入到生产管理信息系统，并开展设备状态评价，修订设备检修决策，完成缺陷处理流程的闭环管理。

（5）家族缺陷，经确认由于设计、制造、材质、工艺等同一共性因素导致的设备缺陷或隐患称为家族缺陷。如果某设备出现家族缺陷，则具有同一设计、材质和工艺的其他设备，不论其当前是否可检出同类缺陷，在这种缺陷或隐患被消除前，均称为家族缺陷设备。

1）根据家族缺陷对人身、电网或设备的影响程度分为重大家族缺陷和一般家族缺陷两级。重大家族缺陷指可能造成人身伤害、电网事故或设备损坏，需尽快治理的家族缺陷；一般家族缺陷指对电网、设备安全运行暂不构成较大影响，可适时安排治理的家族缺陷。

2）家族缺陷管理要求。家族缺陷管理流程分为信息收集、分析认定、审核发布、排查治理四个阶段。

信息收集包括运检、基建、物资等单位提供的设备质量信息、运行分析资料、事故信息通报，以及制造厂提供的设备质量信息。省设备状态评价中心对家族缺陷进行认定，省公司运检部对认定的家族缺陷进行审核，审核通过后发布。重大家族缺陷应限期治理，一般家族缺陷可结合年度检修计划治理。家族缺陷未治理前，应采取针对性的防范措施。家族缺陷治理完成后，由省公司运检部上报治理结果，同时对制造厂处理质量、服务等进行评价，并反馈至相关部门。

第二章

无人值守变电站设备及其运行维护

第一节　电压及其控制设备运行维护

随着电网的发展，大容量电厂和大电力用户系统的出现，电压问题已经不只是一个供电质量的问题，而是关系到大系统安全运行和经济运行的重要问题。

在电网的无功电压管理方面，目前比较突出的问题如下：

（1）高峰负荷期间，无功补偿不足，变电站母线电压普遍偏低，在低谷负荷期间无功过剩，引起变电站母线电压升高。

（2）并联电容器分组和有载调压变压器分接头挡位组合不合理。有些并联电容器组容量过大，投运后母线电压偏高，切除后母线电压又偏低；有些有载调压变压器分接头每挡调压过大，不能满足运行电压平稳调节的需要。

（3）无功调节设备质量较差，电容器损坏率较高。

（4）有载调压变压器的频繁调压也易造成分接头故障，从而使变压器被迫退出运行。

（5）无功计量误差较大，测量数据不完整，给电压无功分析带来困难。

（6）缺乏有效的电压无功实时分析计算手段。

（7）电容器的投切和有载调压变压器的调压基本上凭经验，调节不够及时、准确。

调度自动化系统已在省地调中广泛投入运行，可根据全网系统的运行信息，实现全网的电压无功控制。自动电压控制系统即为满足这一目的而研制，它不仅为电力企业节省设备投资，还可给出一个合理的控制措施，从而保证全网范围内的电压质量合格和无功功率的合理分布。

自动电压控制（Automatic Voltage Control，AVC）系统就是由设在调控

中心的远方控制系统自动完成电网电压调整。系统连续地自动监测电网内监测点和中枢点电压，根据预先设定的程序，按照需要投切补偿电容器、电抗器或调整有载调压变压器分接头。自动电压控制系统既可作为主系统独立运行，也可作为子系统配合调度系统运行。下面就 AVC 系统的设备及其运行维护方面的知识做一简单介绍。

一、AVC 系统

1. AVC 系统工作过程

AVC 系统设在各级调度控制中心（室），AVC 系统所控制的电容器、主变有载调压等设备在变电站。AVC 系统接口与 SCADA 系统连接，通过地区变电站内的 RTU 与系统服务器及 SCADA 工作站通信。每个变电站内都有远方终端，是电网调度自动化系统的重要组成部分，主要任务是将变电站的实时运行信息送给调度控制中心，把调度的控制、调节等命令送给厂站执行。AVC 系统的连接通过与省级电网主站 AVC 系统通信，地区电网可根据省级电网 AVC 系统下发的无功指令，对电容器和变压器分接头进行调节，对各变电站进行电压无功功率调整，从而实现对地区电网的无功优化控制。

无人值守变电站正常运行时，电容器、电抗器、主变有载调压分接头的测控装置均设置在“远方”位置，AVC 系统控制模式为“闭环”运行。闭环表示 AVC 对被控对象进行分析计算，并对其进行直接发命令控制，不经过值班调度员确认。

2. 无人值守变电站 AVC 系统设备运行要求

（1）实时监视变压器、电容器、电抗器等设备及其控制设备的主保护信号，一旦有保护动作时，立即闭锁该设备的 AVC 控制回路，并发报警信号。

（2）当 AVC 系统设备的多次控制失败时，应立即闭锁对该设备的控制，并进行报警。运维人员应立即到现场检查 AVC 系统相关设备及其控制回路运行情况。

（3）当设备处于检修或冷备用状态时，除 AVC 系统会自动判别并闭锁有关设备外，运维人员应将设备的控制状态切换为“就地”控制方式。

（4）若电容器及变压器的总体控制次数上升至日动作总数的限定值，AVC 系统应对该设备进行自动闭锁并报警。当变压器有载调压分接头总动作次数超过规定时，严禁将该变压器分接头加入 AVC 系统自动闭环运行。

（5）在电容器投入之前，应对电压变化的细微灵敏度实施科学估算，有效防止投入实施后，电压超过上限产生随即切除，使电容器产生投切振荡。

（6）为杜绝环流现象，应对并列的变压器设备进行交替调节电压，先后操作顺序应根据变压器的操作内容及容量进行设定。

（7）一台主变已经闭锁或为非有载调压变压器，则不应进行并列调整，且应规避其挡位不一致现象。

（8）在 AVC 系统允许针对变压器进行调挡，并对电容器与分接开关实施远程遥控过程中，其他设备则处于全部闭锁状态。

（9）当 AVC 系统控制设备异常或检修时，应将运行模式设为“开环”模式。

（10）电容器、主变及有载调压开关故障或异常、通信故障或异常、系统接地、电网运行数据异常时，AVC 系统应自动闭锁相关设备，且必须人工解锁才能操作 AVC 系统相关设备。

（11）在事故情况下，运维人员应立即人工闭锁电容器投切和主变分接头调整功能。

（12）当设备需要实施人工操作时，应闭锁 AVC 系统具备的相关功能。

二、SVC 运行维护

电压波动及闪变、电压监视及调整、并联电容器、晶闸管投切电容器（TSC）、静止无功补偿器（SVC）、滤波器（FC）、静止无功发生器（SVG）的工作原理和补偿模式在《电网调度与监控》一书中已经做过详细讲解，这里仅就 SVC 的运行维护做介绍。

SVC 实际上是多种静止型动态无功补偿器的组合。电压是电能质量指标之一，电压控制的特点为电压偏移，是无功功率不平衡的表现；电力系统调压主要是通过调节无功电源的出力与合理改变无功功率潮流分布进行的；电压和无功功率控制与降低网损关系密切；无功补偿设备不消耗有功功率，还可降低有功功率损耗。

在我国超高压大容量长距离输电电网中，静态和暂态稳定运行问题非常突出。静止无功补偿器 SVC 由可调节电抗器与固定电容器并联构成。SVC 能够快速、平滑地调节无功功率的大小和方向，对冲击负荷的适应性较好，与同步调相机相比，维护简单、损耗小，并且可以分相补偿。SVC 包括晶闸管控制电抗器、晶闸管投切电容器、TCR＋固定电容器。SVC 分为 TCR、MCR 和 TSC，分别为相控电抗器型、磁控电抗器型和晶闸管投切电容器型静止无功补偿器。

1. 可控电抗器

固定并联电抗器有容量固定、不能随负荷动态调节、长期接入损耗大、容量调节只有“开”和“关”两挡、开断感性电流容易诱发开关设备的故障与损坏、与网路连接前端需加装隔离开关等缺点。固定并联电抗器的投退必须断开线路断路器（以隔离开关与线路连接），操作复杂、操作量大，而且需要人工操作。固定并联电抗器在系统中的接线图如图 2-1 所示。

可控电抗器指容量可以调节的电抗器。可控高压电抗器的容量调节是由中央控制器根据网络负荷需要作出决策，并向可控高压电抗器的控制装置发出指令，控制装置按设定好的逻辑控制程序对可控高压电抗器进行在线容量调节。

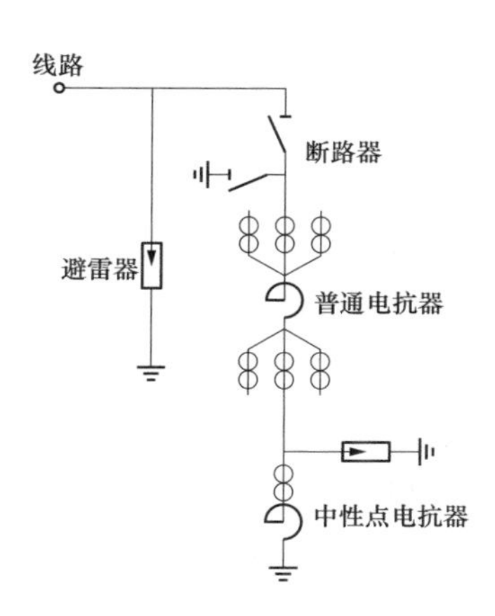

图 2-1　固定并联电抗器接线图

（1）可控电抗器工作原理。通过可控电抗器的控制调节，提供输电线路剩余无功功率 100% 的补偿。在输电线路空载运行状态下，可控电抗器提供负载容量的 100% 补偿，通过这种方式，可控电抗器用最高运行电压来限制运行电压的增加。通过输电线路最大负载，可控电抗器的功率自动下降到零。因此，不影响输电线路的自然传输能力，该传输能力由线路自然功率（SIL）决定。

（2）可控并联电抗器的作用。有效协调无功补偿和过电压抑制对线路并联电抗器不同需求间的矛盾，提高线路输送能力、减低系统的线路损耗。灵活高效地满足线路无功调节的需要。抑制潜供电流和恢复过电压。灵活的无功调节手段，避免了电容器组频繁投切。

（3）可控并联电抗器的优势。可控并联电抗器同样具有抑制工频和操作过电压的作用。如果线路有扰动以至于负荷跳闸时，可立即投入全容量，防止电压失稳，保障系统安全。该电抗器适合紧凑型线路、机车牵引变电站、潮流较大特高压线路的无功补偿。它可以代替静止无功补偿设备（SVC）。与网路连接时，它前端不需加装隔离开关。可控并联电抗器在系统中的接线图如图 2-2 所示。

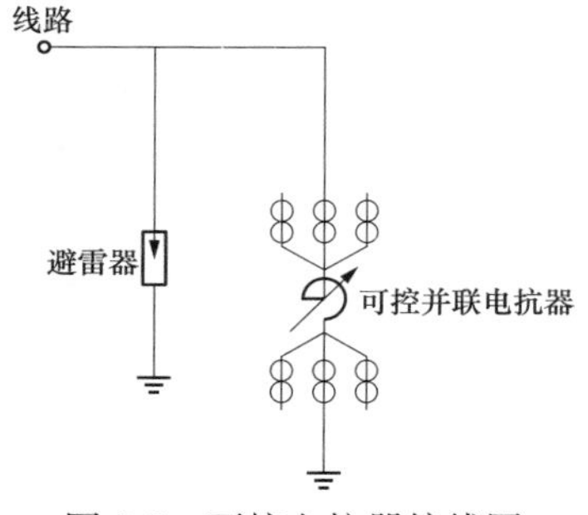

图 2-2　可控电抗器接线图

（4）可控电抗器调节方式分为电感调节和铁芯磁阻调节两种。

1）电感调节方式可控电抗器是通过调节电感量来调节电抗器容量，原理图如图 2-3 所示。

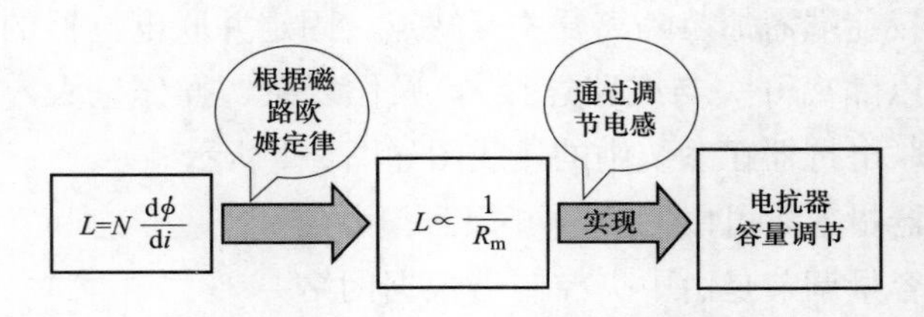

图 2-3　可控电抗器电感调节方式原理图

2）铁芯磁阻调节方式可控电抗器是通过改变铁芯的磁阻来完成电抗器容量调节的。改变磁阻的两种办法分别为直流可控和交流可控。

直流可控：通过附加磁通来调节磁路饱和度，铁芯未饱和时磁阻小，饱和后磁阻大，即磁控式可控电抗器。

交流可控：借助附加绕组产生反方向磁通的方法，即高阻抗变压器式可控电抗器。

2. 磁控式可控电抗器

磁控式可控电抗器是一种直流控制电抗器。控制用直流电流来自交流线圈，经过整流，两个铁芯柱线圈并联，且各分为上下两部分，带有抽头，抽头经晶闸管连在一起。利用交叉连接可实现左右柱晶闸管在正负半周内分别导通时，在线圈内流通一个单方向电流，其直流分量在可控电抗器中起到控制作用，其原理如图 2-4 所示。

（1）磁控式可控电抗器的优点为：低压设备控制高压设备，控制系统经济性好；能实现无功的连续可调；可控电抗器本体短路阻抗低，本体部分制造容易。

（2）磁控式可控电抗器的缺点为：电抗器的电流曲线畸变，产生谐波分量较大。磁通中直流分量的存在，使电抗器响应速度慢。运行中铁芯处于饱和状态，振动、噪声较大。不能作为固定高压电抗器长期运行。需要独立的励磁辅助设备和大容量的外部电源。

3. 交流可控电抗器

交流可控电抗器又称高阻抗变压器式可控电抗器，它是根据变压器原理，将变压器的阻抗做成 100%，利用晶闸管双向导通来调节电抗器的容量，原理如图 2-5 所示。

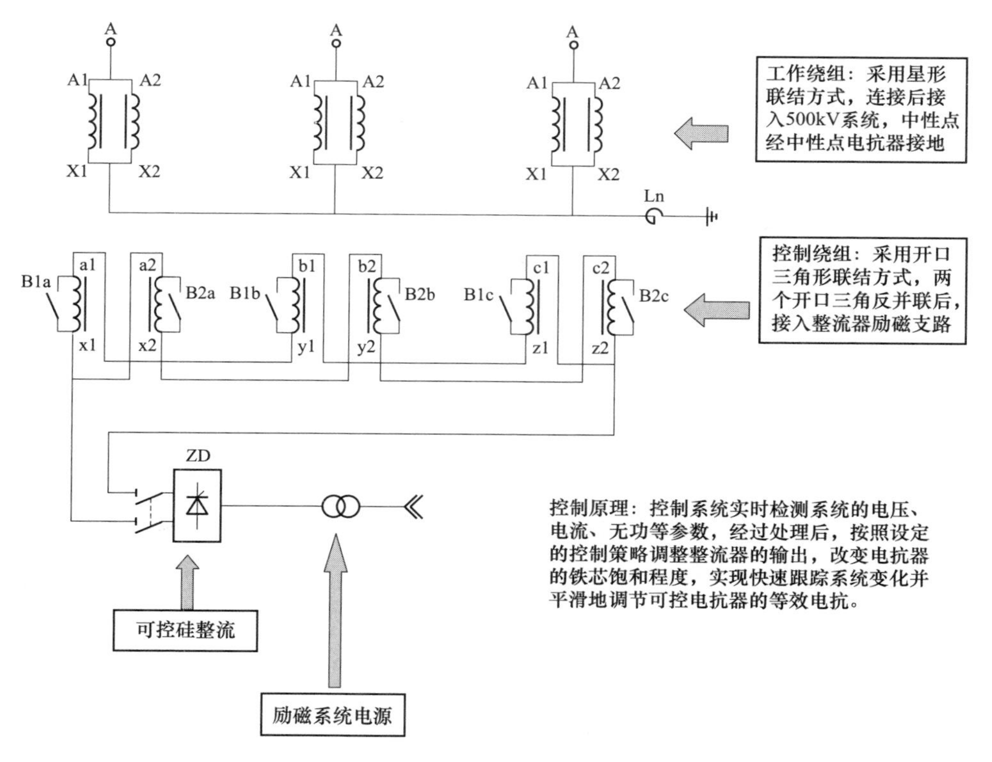

图 2-4　磁控式可控电抗器三相接线原理图

高阻抗变压器式可控电抗器按照控制方式分为交流无级可控和交流有级可控电抗器两种。

（1）交流无级可控电抗器。如图 2-6 所示为交流无级可控电抗器，其容量调节范围可使 0～100％无级平滑调节。容量的调节是通过调节晶闸管的触发角大小来实现的。

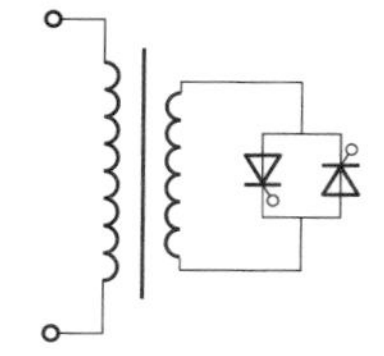

图 2-5　高阻抗变压器式可控电抗器原理图

（2）交流有级可控电抗器容量不是连续调节，而是分挡调节。在电网实际运行时，将交流有级可控电抗器的容量分成合适的几个挡位，便可以满足电网对电抗容量调节的需要，既满足工程需要，又节约投资。

1）交流有级可控电抗器容量调节范围分为四级，分别按额定容量的 0％、25％、50％、75％、100％调节。

2）交流有级可控电抗器调节原理为根据系统需要分级调节容量，晶闸管

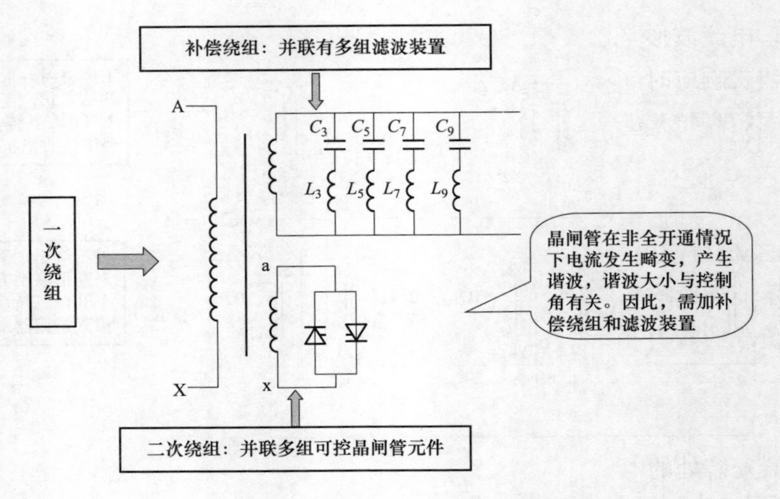

图 2-6　交流无级可控电抗器图

工作在完全导通和完全闭锁两种状态，无需补偿绕组和滤波装置，本体相当于双绕组高阻抗变压器。

3）有级可控高压电抗器控制原理为一次绕组直接接在网路上，二次绕组串接有分级电抗 L1、L2、L3。每个分级电抗分别并联有断路器 QF1、QF2、QF3 和晶闸管装置 V1、V2、V3 以及隔离开关 S1、S2、S3。如图 2-7 所示。

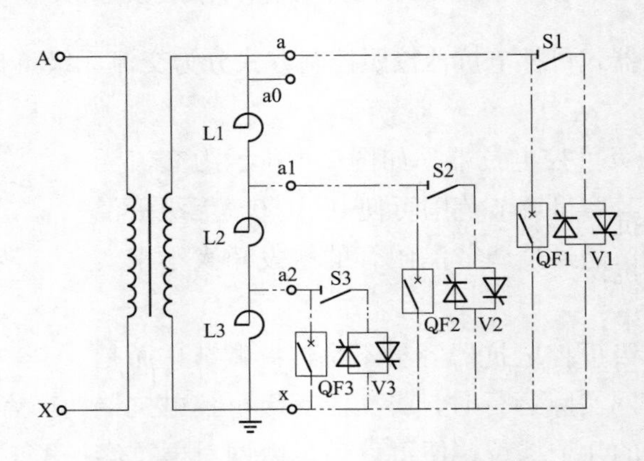

图 2-7　有级可控高压电抗器控制原理图

分级电抗器的投切是通过各个分级电抗所并联的断路器和晶闸管装置的短接或断开来实现。

4）交流有级可控电抗器技术优点为晶闸管工作在全开通或全闭锁两种极

限状态，电流波形不发生畸变，无谐波，不需补偿绕组和滤波装置。晶闸管响应速度快、响应时间短，可实现无功的快速调节。阀控系统即使出现故障，仍可作为固定高抗运行。可控电抗器的铁芯不会出现饱和现象，振动和噪声较小。二次控制晶闸管也可用手动调节断路器的方法进行容量调节。本体保护配置同普通变压器，现场安装、运行维护比较简单。

5）交流可控电抗器的缺点为可控电抗器本体的短路阻抗较高；有级可控电抗器不能连续均匀调节阻抗，只能在预先设定的范围内分级调节；断路器开断感性负载的能力和寿命对可控电抗器的投切次数有一定的限制。

4. SVC 运行操作

（1）电容器的特点：具有“负调节特性”，即当电力系统无功功率缺乏，使电容器安装处的电压下降时，电容器输出的无功功率减少，使无功功率缺额加剧；反之，当电力系统无功功率过剩、电压升高，电容器输出无功功率增加，使无功功率更加过剩，这种不利于无功功率平衡的调节特性称之为负调节特性；电容器只能成组地投入或切除，对无功功率进行有级调节，电容器是静止元件，有功损耗小，适合于分散安装。

为满足智能变电站和无人值守变电站的电压和无功及时增补、退减的需要，在电网中使用可控电抗器和可控电容器成为必须。静止型动态无功补偿器（SVC）就是为满足这一需要而研发的设备。

静止补偿装置调压速度较快；并能拟制过电压、电网功率振荡和电压突变，吸收谐波，改善不平衡度，且运行可靠、维护方便、投资少。静止型动态无功补偿器（SVC）的构成包括阀组、相控电抗器、滤波电抗器、滤波电容器、差流互感器。

（2）磁控电抗器在 220kV 及以上电压等级变电站的作用为在变电站低压母线上接入磁控电抗器，主要来补偿线路的容性充电电流，限制系统电压升高和操作过电压的产生；抑制高次谐波，限制合闸涌流，主要利用在额定电压下线性的特点来吸收系统容性无功，保证电容器可靠运行。

（3）SVC 装置的电压无功（VQC）控制策略如下：

0 区：电压、无功均合格，不控制；

1 区：电压越上限，无功补偿合适，发降压指令；

2 区：电压越上限，无功越上限，先发降压指令，再发投电容器组指令；

3 区：电压合格，无功越上限，发投电容器组指令；

4 区：电压越下限，无功越上限，先发投电容指令，再发升压指令；

5 区：电压越下限，无功补偿合适，发升压指令；

6 区：电压越下限，无功越下限，先发升压指令，再发切电容指令；

7 区：电压合格，无功越下限，发切电容指令；

8 区：电压越上限，无功越下限，先发切电容指令，再发降压指令。

（4）SVC 装置的控制原则为保证电压合格、无功基本平衡、尽量减少变压器分接头调整次数和电容器投切次数。

一般变电站的 SVC 装置采取主变压器（主变）高压侧电压、电流数据进行判断无功功率、电压是否满足要求，依据 VQC 控制策略进行调整无功功率及电压。

（5）磁控电抗器（MCR）型 SVC 装置操作及注意事项。

1）磁控电抗器（MCR）合闸操作。合闸前应确认隔离开关位置正确，确认控制屏内“启动/停止”转换开关置于“停止”位置，“手动/自动”转换开关置于“手动”位置，然后在综合保护后台进行合闸操作。

2）分闸操作。分闸前应先将“启动/停止”转换开关置于“停止”位置，“手动/自动”转换开关置于“手动”位置，观察 MCR 电流降至空载电流后，然后在综合保护后台进行合闸操作。如需在 MCR 本体进行相关工作时，还需要将隔离开关断开，合上接地开关。

3）MCR 停止状态。控制屏内“启动/停止”旋钮指向“停止”位置，为 MCR 停止状态。正常状况下，投切 MCR，设置参数，切换运行状态均应在“停止”状态下进行操作。

4）自动运行模式。在此种模式下，控制屏内旋钮分别位于“启动”“自动”状态。MCR 当前无功状况为自动调节输出容量和投切电容器组。

为安全起见，设备任何运行状态之间的转换应在“停止”状态下完成。在由“停止”状态转为“启动”状态前，应确保 MCR 已合闸。MCR 合闸后，严禁攀爬 MCR 本体，严禁打开励磁柜。MCR 控制柜面板上的 MCR 分合闸按钮只有在手动状态下才有效。因此，如果想通过该按钮进行分合闸操作，必须先打到“手动”位置。

现场调试完毕后，参数都已设为最佳，若要改变参数，应在“停止”状态下进行修改。一旦发生故障或者发出报警信号，都应该仔细查找原因，并及时解决。

SVC 系统实际上是多种静止型动态无功补偿器的组合，目前被最广泛使用的 SVC，主要是 TCR＋FC 的形式。TCR 型 SVC 用晶闸管能控制线性电抗器实现较快、连续的动态无功功率调节，具有反应时间快（5～20ms）、运行可靠、无级补偿、分相调节、可平衡有功、适用范围广和价格便宜等优点。此外，TCR 型 SVC 还能实现分相控制，有较好地抑制不对称负荷的能力。下面介绍某 330kV 变电站的 TCR 型 SVC。

5. TCR 型 SVC

（1）TCR 型 SVC 由以下三部分组成。

1）运行人员工作站（OWS），完成监视和操作 SVC 设备的功能；

2）SVC 控制保护装置，SVC 控制装置通过实时跟踪目标电压，实现动态和暂态调节目标；

3）SVC 保护装置完成滤波器支路、TCR 相控电抗器支路的保护功能。

（2）TCR 型相关一次设备：TCR（晶闸管控制电抗器）、FC 滤波器、纯水冷却系统、变压器、开关柜等。

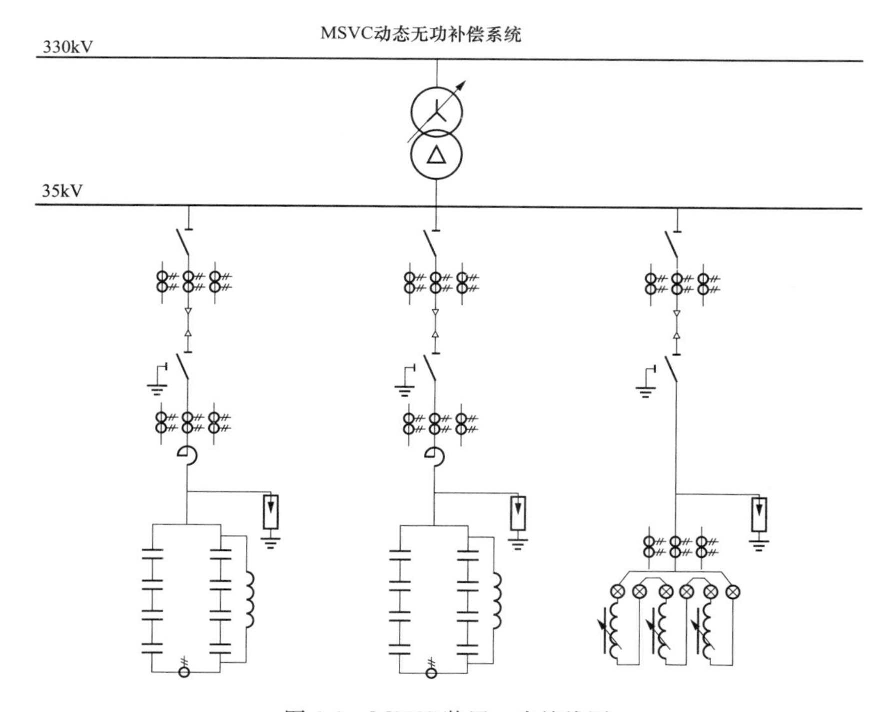

图 2-8　MSVC 装置一次接线图

（3）TCR 型 SVC 运行操作原则如下：

1）投入前的准备。运行人员应对 SVC 装置的一次设备（包括晶闸管阀）

与二次设备进行一次全面检查，并确保运行环境与连接点电气参数满足要求。应先确保水冷系统正常（水冷系统运行 1h 以上无告警、跳闸现象），应带水冷系统投 TCR 支路。对 SVC 系统功能进行初始化，确认 SVC 系统正常，按调度的要求设定 SVC 控制目标。

2）投入操作。进入监控系统“SVC 主接线”画面，若系统满足同步电压条件、水冷系统已经启动，且 SVC 控制系统无故障，此时主画面“起动条件已满足”指示变为红色，可以准备投入 SVC 系统。

操作人员进行用户登录，然后点击“SVC 启动/停止”按钮，发出 SVC 启动指令，程序自动投入 TCR 断路器并解锁脉冲，然后依次（从低次到高次）投入各次滤波器支路，SVC 投入完成。TCR 型 SVC 装置，其 TCR 支路不能独立运行。

投入过程中，在一定时间内（根据现场实际情况而定）不应对变压器分接开关或电容器组断路器连续发出动作指令。在投入 TCR 和滤波支路过程中应确保 SVC 装置与电网连接点的电压满足运行要求。

3）SVC 退出。操作人员进行用户登录，然后点击“SVC 启动/停止”按钮，发出 SVC 停止指令，程序自动依次（从高次到低次）退出各次滤波器支路，然后闭锁 TCR 脉冲并退出 TCR 断路器，SVC 退出完成。

4）SVC 停运或 TCR 支路故障跳闸后，不能立即关闭水冷系统，应等 TCR 支路停运 10min 后再退水冷系统。一般水冷系统长期运行，即使 SVC 退出运行，也不能停运水冷系统。

5）SVC 二次系统的启动步骤。首先，SVC 屏柜的控制装置和 VCU 装置均上电，启动 OWS 工作站；再启动 PCS9700 后台；用户登录，进入“站网结构”，在冗余系统配置的厂站，控制装置第一次上电后两台 PCS9580 都处于“试验”状态，无紧急故障时手动遥控可进入“服务”状态，之后双击自动根据两套系统情况分别进入“运行”或“备用”状态；单系统配置的厂站，控制装置上电后就自动处于“运行”状态，直接点击“确认”即可。在该窗口查看系统有无故障，点击“报警复归”按钮。最后，进入“阀监视”窗口，检查晶闸管状态，确认无晶闸管故障（有故障发生时，不能启动 SVC，联系专业技术人员）。

6）启动 SVC 系统前的基本设置。工作模式（控制命令）设置：工作模式（控制命令）设置位于“控制画面”窗口“控制命令”一栏。左侧一列是工作模式（功能命令）名称，点击可对其设定；右侧一列是工作模式（功能命令）对应的当前状态/值。具体说明为：SVC 电压/无功：选择控制方式为电压或无功控制方式；电纳自动/手动：选择自动方式；控制参数（调节命令）设置：

控制参数（调节命令）设置位于“控制画面”窗口“调节命令”一栏。左侧一列为控制参数名称；右侧一列显示了控制参数的运行值。其中比较重要的两个参数包括电压定值：根据现场实际情况，选择是接收网调参数（现场配置AVC系统时），或者就地在SVC后台整定控制电压定值；电压斜率：投运前已经整定好，此参数建议不改变。

7）SVC启动应遵循的原则：保证在SVC接入系统时，对系统造成的波动或冲击尽可能小一些。就本变电站而言，SVC的启动也就是TCR投入运行。

SVC的启动步骤：SVC屏柜的控制装置和VCU装置均上电，启动OWS工作站、启动PCS9700后台。用户登录，进入“站网结构”，在冗余系统配置的厂站，控制装置第一次上电后两台PCS9580都处于“试验”状态，无紧急故障时手动遥控可进入“服务”状态，之后双击自动根据两套系统情况分别进入“运行”或“备用”状态。单系统配置的厂站，控制装置上电后就自动处于“运行”状态，直接点击“确认”即可。在该窗口查看系统有无故障，点击“报警复归”按钮。进入“阀监视”窗口，检查晶闸管状态，确认无晶闸管故障（有故障发生时，不能启动SVC，并联系厂家）。

启动纯水冷却器：进入“主画面”，点击“水冷却系统起动/停止”按钮，启动水冷系统。如果是首次启动，则至少应运行4h；如果是停运24h以上的再次启动，应至少运行1h后再执行下一步骤；确保SVC系统的各个开关遥控把手处于“SVC遥控”；进入“主画面”，若系统满足同步电压条件、水冷系统已经启动、滤波器已经投入，控制位置为“后台”，且系统自检全部通过时，此时，“起动条件已满足”绿灯指示亮，可以准备启动SVC系统。

点击“SVC起动/停止”按钮，启动SVC系统，控制系统按顺序自动投入TCR支路，然后分别投入各次滤波器支路。

8）SVC的停止可能会以两种方式停止运行，一种为正常停止，另一种为突然停止。正常停止SVC，也应该尽量保证其退出时对系统的冲击最小。因此，所有开关断开之前，应该尽可能保持SVC输出的总无功为零。SVC的停止应按照下列步骤执行：点击“SVC起动/停止”按钮，自动停止SVC系统。分开滤波支路和TCR的开关。SVC的故障停止是运行中的SVC可能会因为各种保护动作而突然停止。这种突然停止，应按照以下步骤进行：保护设备动作；调节器立刻闭锁，阀组光脉冲封锁；所用相关开关无延时跳开。

当SVC故障停止，故障解除后，SVC需要再次投入时，首先要在“站网结构”按钮点击“装置报警复归”按钮，等电容器放电完毕，可以重新投入SVC系统。

SVC 手动紧急停运：当系统运行出现异常，需紧急停运 SVC 系统时，操作控制屏柜上的手动紧急停运把手。手动退出 TCR 运行，同时通知检修单位，并与厂家联系，在厂家指导下进行检查。

（4）TCR 型 SVC 系统的日常维护工作主要包括以下几个方面：

1）监视水冷系统电压。后台和 SVC 监控系统在电压越限时，会有报文提示，此时应调挡；水冷一次设备注意检查风机运行状态，排气口进气口干净整洁，水冷是否有渗漏水现象，空调运行是否正常。

2）监视晶闸管监视页面和水冷监视页面。监视晶闸管是否非全绿，水冷是否有告警，关注事件列表是否有报警事件等。

3）滤波器组的维护。避雷器是否有异常，电抗器外观是否正常，电容器单元是否有漏油或放电痕迹等，隔离开关、断路器等是否温度正常，声音是否有异常，电抗器是否有异常震动，滤波器星架温度是否异常。

4）相控场的维护。声音是否有异常，星架温度是否异常，避雷器是否有异常，外观是否有异常。

5）阀组日常维护。检查阀组是否有渗漏水，表面是否有明显异常，空调运行是否正常。

当 SVC 系统由于各种故障的产生而存在问题时，处理的首要步骤是查清楚发生了何种故障，然后根据具体情况，采取适当的手段去处理问题。

SVC 系统的常见异常及处理方式：

1）TCR 型 SVC 系统常见故障。

a. OWS 故障。运行中的 SVC，如果监视画面突然黑屏，可能是 OWS 和控制装置之间的通信中断，需检查计算机的网络状态是否正常。即使在站用 LAN 不可用的情况下，SVC 控制装置仍能正常运行，运行人员可以通过控制装置的液晶来查看 SVC 系统是否正常。

b. 若 OWS 后台软件不能正常运行，数据不正常显示或操作不能正常进行时，运维人员需在厂家的指导下对 OWS 进行检查处理。

2）控制系统接口硬件故障。控制系统具有完善的自检功能，发生控制系统接口硬件故障时，系统会自动作出反应，如果故障轻微，系统将继续运行；如果故障严重，将退出 TCR 运行。发生故障后，运维人员应立即检查处理。

3）一次设备故障。若因一次设备故障，造成保护动作时，系统将会根据相应的联锁条件进行相关开关的操作，同时报出故障报警信号。运维人员应对故障设备进行检修，待一次设备恢复正常后，进入“站网结构”并点击“报警及复归”按钮，以恢复对系统的控制。

6. 阀控高抗运行异常

阀控高抗阀厅穿墙套管渗油，该穿墙套管为油纸电容式、卧式穿墙套管，渗油点在套管阀厅户内端导电杆螺纹处，套管油位观察窗内观察不到油位，通过检查发现穿墙套管阀厅户内端导电杆螺纹缝隙密封不严，密封圈比设计要求内径尺寸大了0.5mm，套管储油柜设计尺寸较小。处理办法为加固导电杆螺母处密封，改进套管储油柜设计，满足环境温度极低、极高时仍能在观察窗看到油位。

第二节　电网控制系统运行维护

随着经济发展和人民生活中电器设备的普遍应用，对电能质量、供电可靠性和经济运行要求更高，电力系统规模和总装机容量不断扩大，电力系统结构和运行方式越来越复杂。目前，我国各级调控中心，基于局域网（LAN）、GPS统一时钟、数据采集与监视控制（SCADA）技术，普遍采用能量管理系统（简称EMS），实现对电网实时在线状态评估、调度员潮流、电网静态安全分析、自动发电控制（AGC）、无功和电压自动控制（AVC）等。

电网安全稳定控制是电力系统控制的首要任务。电网安全稳定分为静态稳定、暂态稳定和动态稳定，这里所讲的电网安全稳定控制系统是电网暂态稳定控制的一种新方法。安全稳定控制装置还可以随时判断相关主设备过负荷情况，及时进行计算并切除准确负荷量，对主设备安全运行起到了保护作用。电网安全稳定控制装置简称稳控装置。对于配网采用低频低压减载装置，维持系统稳定。稳控装置维护的划分原则与继电保护的维护相一致。

一、电网安全稳定控制系统

电网安全稳定控制原则是在电网正常运行方式改变时，各断面要按照受电方式下的稳定运行控制原则和外送方式下的稳定运行控制原则，分别进行负荷和潮流控制。控制上网电站功率输送和大负荷用户功率消耗。

1. 系统稳定的三道防线

（1）第一道防线：在电力系统正常状态下通过预防性控制保持其充裕性和安全性（足够的稳定裕度），当发生短路故障时由电力系统固有的控制设备及继电保护装置快速、正确地切除电力系统的故障元件。

（2）第二道防线：针对预先考虑的故障形式和运行方式，按预定的控制策略，采用安全稳定控制系统（装置）实施切机、切负荷、局部解列等控制措施，防止系统失去稳定。

（3）第三道防线：由失步解列、频率及电压紧急控制装置构成，当电网发生失步振荡、频率异常、电压异常等事故时采取解列、切负荷、切机等控制措施，防止系统崩溃。

继电保护是应对电力系统元件故障的第一道防线，严防继电保护误动或拒动事故，在系统发生异步振荡或同步振荡期间保护装置不应误动作。基于电网稳定的分析计算，对于第二类故障存在的电网，配置安全稳定控制系统，设置第二道防线，防止电力系统稳定破坏，确保电网完全稳定运行。对于多重严重故障，应设置第三道防线，防止事故扩大或系统崩溃，避免大范围停电事故。

2. 安全稳定控制装置功能策略

安全稳定控制装置功能策略原则包括主站策略和子站功能策略。

安全稳定控制系统主站策略是接收与之相连的其他主站发来的切地区负荷命令，向与之相连的子站发出切负荷命令。将接收到的切负荷总量，按优先级分配给安全稳定控制系统的各个切负荷子站。

安全稳定控制系统子站功能策略：将本站及接入本站的线路运行参数上送至主站，接收主站发来的切负荷、切机轮次命令，切除本站指定轮次的联络线路及馈线；监测本站主变电流、电压；监测本站其他元件的单相电压、电流，向主站上送本地各轮可切负荷量，接收主站切本地各轮负荷命令；进行本地主变中压侧过负荷判断，根据过负荷需切容量，分轮次切除本地负荷。

3. 稳定控制分类

为保证电力系统的安全稳定运行，应建立合理的电网结构、配备性能完善的继电保护系统。如果仅靠自身结构和保护装置不能保持电网安全性，则应根据电网具体情况设置安全稳定控制装置和相应的措施，组成一个完备的电网安全防御体系，以抵御各种扰动事故，确保电网的安全稳定运行。

（1）按电网运行状态，稳定控制分为预防性控制、紧急控制、失步控制、解列后控制及恢复性控制。

（2）按控制范围，稳定控制分为局部稳定控制、区域电网稳定控制、大区互联电网稳定控制。

（3）按稳定类型，稳定控制分为暂态（功角）稳定控制、动态稳定控制、电压紧急控制、频率紧急控制、设备过负荷控制（热稳定）。

4．安全稳定控制系统设备及其运行

稳定控制：为防止电力系统由于扰动而发生稳定破坏、运行参数严重超出规定范围，以及事故进一步扩大引起大范围停电而进行的紧急控制。分为暂态稳定控制、动态稳定控制、电压稳定控制、频率稳定控制、过负荷控制。

安全稳定控制装置（简称稳控装置）：为保证电力在遇到大干扰时的稳定性而在发电厂或变电站内装设的控制设备，实现切机、切负荷、快速减出力、直流功率紧急提升或回降等功能，是保持电力系统安全稳定运行的第二道防线的重要设施。

安全稳定控制系统（简称稳控系统）：由两个及以上厂站的安全稳定控制装置通过通信设备联络构成的系统，实现区域或更大范围的电力系统的稳定控制。

系统失去同步：为便于实际测量，通常将振荡中心两侧母线电压相量之间的相角差从正常运行角度逐步增加并超过180°定义为该系统已失去同步。

电力系统中的扰动可分为小扰动和大扰动两类，小扰动指由于负荷正常波动和功率及潮流控制、变压器分接头调整和联络线功率自然波动等引起的扰功，大扰动指系统元件短路、切换操作和其他较大的功率或阻抗变化引起的扰动。

大扰动可按扰动严重程度和出现概率分为以下三类：

第Ⅰ类，单一故障（出现概率较高的故障）：①任何线路单相瞬时接地故障重合成功；②同级电压的双回线或多回线和环网，任一回线单相永久故障重合不成功或无故障三相断开不重合，任一回线三相故障断开不重合；③任一发电机跳闸或失磁；④受端系统任一台变压器故障退出运行；⑤任一大负荷突然变化；⑥任一回交流联络线故障或无故障断开不重合；⑦直流输电线路单极故障。

第Ⅱ类，单一严重故障（出现概率较低的故障）：①单回线单相永久性故障重合不成功或无故障三相断开不重合；②任一段母线故障；③同杆并架双回线的异名两相同时发生单相接地故障重合不成功，双回线三相同时跳开；④直流输电线路双极故障。

第Ⅲ类，多重严重故障（出现概率很低的故障）：①故障时开关拒动；②故障时继电保护、自动装置误动或拒动；③自动调节装置失灵；④多重故障；⑤失去大容量发电厂；⑥其他偶然因素。

电力系统承受扰动能力的安全稳定标准分为以下三级：

第一级：正常运行方式下的电力系统受到第Ⅰ类扰动后，保护、开关及重合闸正确动作，不采取稳定控制措施，必须保持电力系统稳定运行和电网的正常供电，其他元件不超过规定的事故过负荷能力，不发生连锁跳闸；但对于发电厂的交流送出线路三相故障，发电厂的直流送出线路单极故障，两级电压的电磁环网中单回高一级电压线路故障或无故障断开，必要时或采用切机或快速降低发电机组出力的措施。

第二级：正常运行方式下的电力系统受到第Ⅱ类扰动后，保护、开关及重合闸正确动作，应能保持稳定运行，必要时允许采取切机、切负荷、直流调制和串补强补等稳定控制措施。

第三级：电力系统因第Ⅲ类扰动而导致稳定破坏时，必须采取措施，防止系统崩溃。

5. 稳控装置策略流程

稳控装置策略流程如图 2-9 所示。

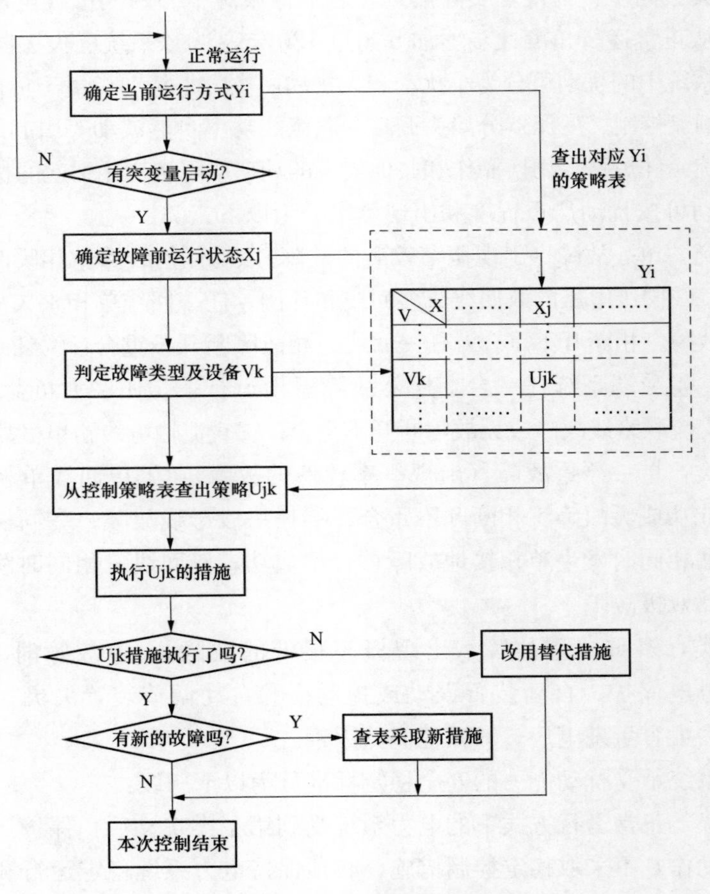

图 2-9 稳控装置策略流程

6. 稳控装置动作流程

稳控装置动作流程如图 2-10 所示。

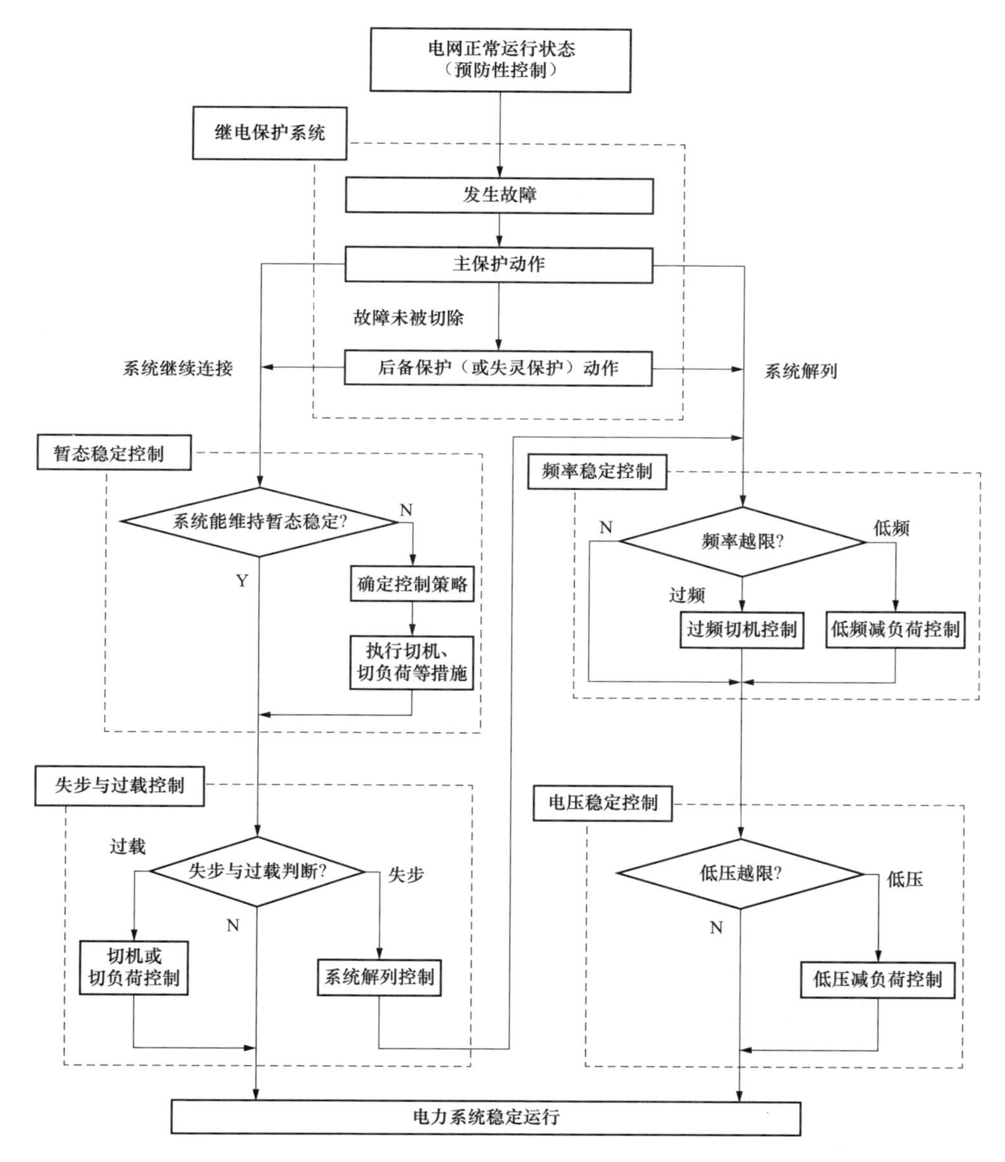

图 2-10　稳控装置动作流程如图

关于稳控装置的配置原则、每一种稳控装置的运行操作及注意事项，参见《电网调度与监控》一书。

7. 稳控装置运行管理

稳控装置的投退及定值更改，必须经相应调度机构值班调度员下达指令。未经值班调度员许可，任何人不得擅自改变稳控装置的运行状态。

稳控装置的动作和异常告警信号应接入厂站监控系统。运行值班人员必须按照现场运行规程及有关规定，对稳控装置及其二次回路进行监视、巡检，发现异常情况立即汇报相应调度机构。

在稳控装置及回路上工作影响到其他相关装置（保护装置、故障录波等设备）及其二次回路或在进行相关装置（保护装置、故障录波等设备）及其二次回路工作影响到稳控装置时（特别是在共用 TA 回路的装置上进行试验或工作），设备运行维护单位必须在工作申请及方案中明确对其他设备或稳控装置的影响。

需在通信设备或复用通道上工作，影响稳控装置的正常运行时，应提前向调度部门提出工作申请，经批准后方可进行工作。

稳控装置通道异常时，保护专业与通信专业均应赴现场检查处理，防止因稳控系统通信问题引起稳控装置不正确动作。

稳控装置动作以后，运行维护人员应尽快了解有关情况，收集装置动作情况、事故报告、数据记录等信息。并整理装置动作分析报告，在动作后的 24h 内报送省调。

8. 稳控装置异常、故障处理管理

当稳控装置出现异常告警、故障时，运行维护人员在接到通知后应及时赶到现场，读取并核实信号、打印异常报告、数据记录等，必要时可提出工作申请对装置进行检查，尽快查明原因，消除缺陷。

现场检查及处理工作结束后，运维人员向值班调度员汇报检查处理的情况。

二、电网低频低压减载装置

为提高供电质量，保证重要用户供电的可靠性，当系统中出现有功功率缺额引起频率、电压下降时，根据频率、电压下降的程度自动断开一部分用户，阻止频率、电压下降，使频率、电压迅速恢复到正常值，这种装置叫自动低频、电压减负荷装置。它不仅可以保证对重要用户的供电，还可以避免频率、电压下降引起的系统瓦解事故。

（1）智能变电站的低频低压减载装置应具备电力系统所需的测量、监视、控制功能。

（2）低频低压减载装置减负荷功能一般由五轮基本级、两轮长延时的特殊级及两轮电压下降较快时的加速级构成的三段母线低压减负荷（具体配置按照用户需要设定），具有电压滑差闭锁、负序电压闭锁、电压过低闭锁低压减负荷功能。能够在母线电压互感器（TV）断线时发告警信号。能记录减负荷动作报文及录波（可录取动作前、后各 10 个周波的数据）。装置应适用于电气接线方式，必须在符合动作条件时，低压、低频时才可动作。在线监视电网电压、频率及它们的变化率，独立判断低频低压事故，实现低频减负荷和低压减负荷。低频减负荷出口和低压减负荷出口信号可以分开、独立整定。切负荷顺序是按照先切基本轮中的最后一轮第五轮，再依次切第 4、3、2、1 轮负荷，最后切特殊轮负荷。切掉一轮负荷后，如果系统电压和频率还是没有恢复到正常值，再切下一轮负荷，以此类推，直到系统频率和电压恢复正常为止。

监控功能：能显示模拟量、相位差、开关量、事件报告、控制开出、装置弱电失电报警。

通信功能：能够支持电力系统通用通信规约，可实现遥测、遥信、遥控，控制开出，信号继电器的远方复归，定值远方整定、校时、A/D 采样值、减载动作后的模拟量动作报文，事件 SOE 及录波波形。220kV 及其以上电压等级的元件采样和跳闸网络应采用点对点直采直跳方式。装置向站控层提供的信息符合继电保护应用模型。装置向子站或监控系统提供的信息包括装置的运行定值及控制字；装置的当前运行定值区；装置的动作信号、动作时间；装置的自检状态，自检出错的类型，出错时刻；装置的当前功能连接片状态；装置的当前采样信息。

校时功能：装置内部硬时钟、后台通信校时、GPS 时钟硬校时。

其他功能：打印功能、其他功能配置。

（3）低频低压减负荷装置运行维护注意事项。

1）低频低压减负荷装置中所切线路的轮次必须严格按照系统整定的定值要求投退；

2）出线投退时“跳闸出口连接片”和“放电连接片”同时投退；

3）低频低压减负荷装置动作所切除的线路，在系统频率和电压恢复后投入运行时，应按照调度命令执行。

4）运维人员应巡视低频低压减负荷装置面板上信号灯、连接片投退正常。

第三节　调控一体化系统 D5000 设备运行维护

变电站实行无人值班的条件是变电站设备运行监控、电网安全稳定控制、事故紧急处理，这些业务都能够实现远程监控。目前投入使用的 D5000 调控一体化系统能够满足这些业务综合处理的需要。在《调度运行与监控》一书中，对 D5000 系统做过简单介绍，这里仅对 D5000 系统的主要模块使用维护进行讲解。

一、D5000 系统的电网运行稳态监控

电网运行稳态监控（SCADA）是智能电网调度技术支持系统的最基本的应用之一，用于实现完整的、高性能的电网实时运行稳态信息的监视和设备控制，并为其他应用提供可靠的数据基础与服务。结构示意图如图 2-11 所示。

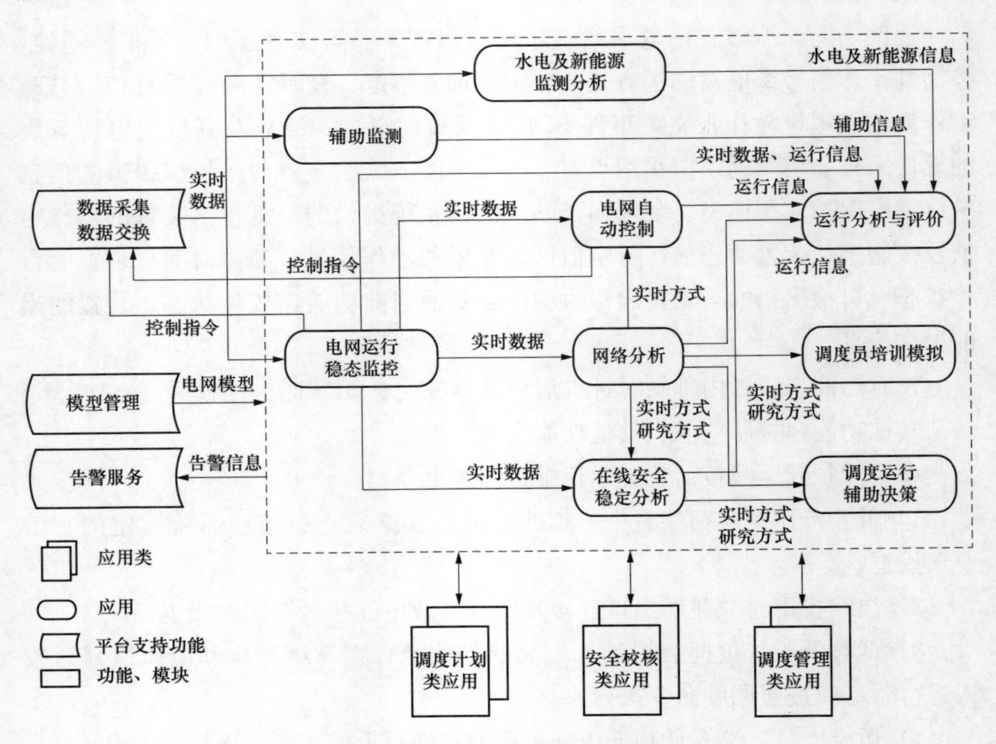

图 2-11　D5000 系统结构示意图

SCADA主要功能包括数据处理、系统监视、数据记录、操作与控制。在电网运行过程中，电网实时运行稳态数据中心与数据处理、系统监视、数据记录、操作与控制部分的数据实时交换。

（1）数据处理。数据处理主要包括模拟量处理、状态量处理、非实测数据处理、计划值处理、点多源数据处理、旁路代替、对端代替、自动平衡率计算、计算与统计。数据处理模块的数据来源为前置、人工置数、计算和其他应用数据。模拟量处理包括一次设备（线路、主变、母线、发电机等）的有功、无功、电流、电压值、主变挡位、频率等数据合理性检查和数据过滤，非法数据检查，遥测表的合理值上/下限，零漂处理，越限值检查，跳位变压检查，更新实时库，历史采样。

状态量处理包括开关位置、隔离开关、接地开关位置、保护硬接点状态、远方控制投退信号、一次调频状态信号、其他各种信号量、事故判断、特殊数据处理、光子牌处理。光子牌处理按照逐层查询、各层联动，光子牌画面显示与操作。光子牌与普通遥信的区别：责任区总光字牌一般设在主画面上，是该责任区所管辖的所有厂站的光字牌的集合。厂站总光字牌：责任区总光字牌的下一层，是该厂站下所有间隔的光字牌的集合。间隔总光字牌：厂站总光字牌的下一层，是该间隔下所有光字牌的集合。间隔内光字牌：最底层的光字牌，对应某个具体的信号，只要该信号未确认或未复归，该光字牌都会有反映。点多源数据处理是以测点为对象，按测点选优、切换处理范围，前置采集，计算，人工置数，状态估计。自动平衡率计算范围包括交流线段、变压器、母线的有功不平衡、无功不平衡、电压不平衡。对于有功及无功，各侧相加。对于电压，某一母线和其他全部与其并列的母线电压幅值平均值的差值。计算结果写入相关设备表。不平衡结果表计算与统计。

（2）系统监视。系统监视包括潮流监视、一次设备监视、稳定断面监视、系统备用监视、低频低压减负荷监视、紧急拉路监视、故障跳闸监视、力率监视、动态拓扑分析与着色等。下面介绍几种常用的监视内容。

1）潮流监视：地理潮流监视、变电站一次接线潮流监视。

2）一次设备监视：实时运行数据、结合电网模型、拓扑连接关系、基于设备基本量测的信息、机组停复役、线路停运、线路充电、线路过载、高抗的投退、静止补偿器投退、变压器投退或充电、变压器过负荷、母线投退等。

3）稳定断面监视是基于运行条件概念的稳定断面建模工具，对稳定限额规则进行了结构化描述。根据电网当前网络拓扑的变化，自动识别设备运行状态，结合季节等条件因素，实时选择正确的稳定控制断面及相应的稳定限额值进行监控，降低了由于断面和限额人工维护不及时等因素对电网运行带来的潜在风险。

4）系统备用监视：有功、无功备用情况，低频、低压减负荷和紧急拉路实际投入容量，电容、电抗实际投入容量，备用不足时发送告警消息，浏览，历史存储，自动处理，任务处理。故障跳闸监视：实时运行数据、结合电网模型、拓扑连接关系、基于设备的故障跳闸信息、机组故障跳闸、线路故障跳闸、母线故障跳闸等。

5）可疑量测辨识：系统能够根据网络拓扑状态自动基于遥测遥信是否一致、线路两端是否平衡、P/Q/I是否匹配等规则校验实时数据的正确性，辨识可疑量测。检查的内容包括：断路器断开有遥测；断路器闭合无遥测；P/Q/I不一致。能够分别用列表指出上述的检查结果。

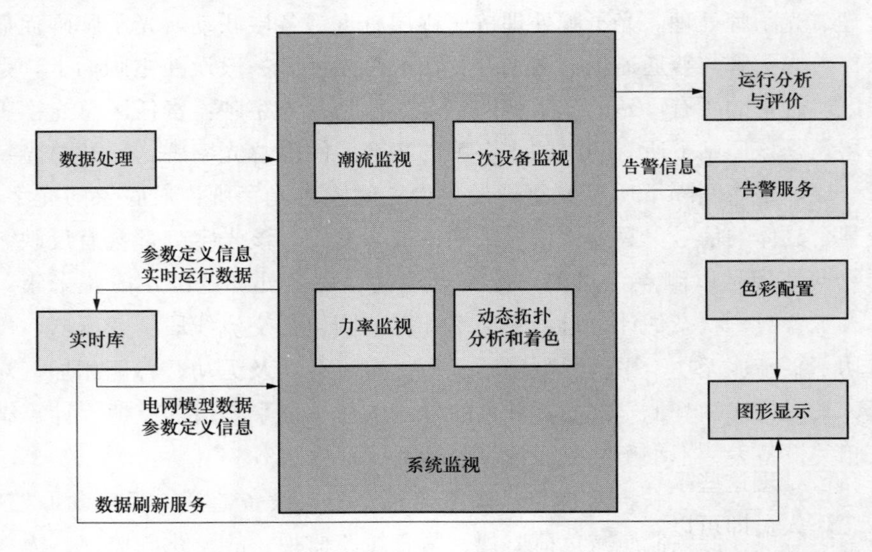

图 2-12　D5000 系统监视内容

（3）操作与控制。操作与控制功能包括人工置数、标识牌操作、闭锁和解锁操作、远方控制与调节、防误闭锁、操作预演。

（4）数据记录。数据记录包括顺序记录、事故追忆。数据记录对象所有电网开关设备、继电保护信号的状态、动作顺序及动作时间。记录内容：记录时间、动作时间、厂站名、事件内容和设备名。分类检索：厂站、设备类型、动作时间。

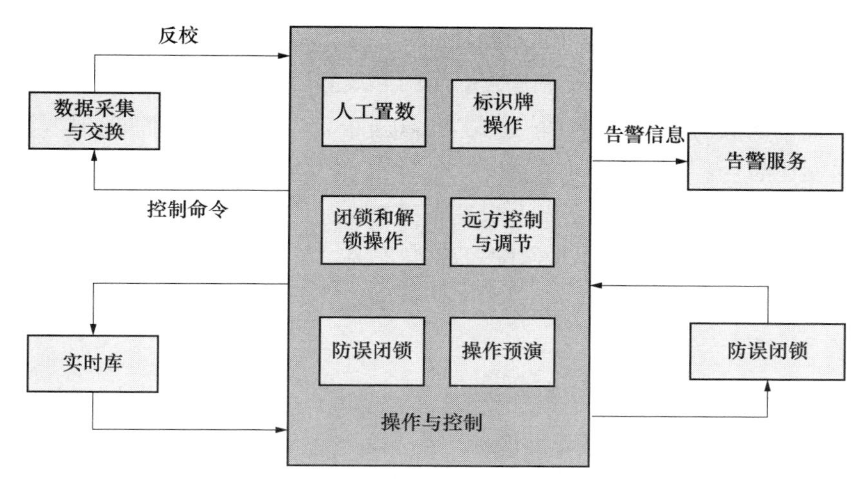

图 2-13　D5000 系统操作与控制内容

事故追忆：记录部分、反演部分、分析部分。记录部分每分钟将 SCADA 系统的消息记录为一组日志文件（包括日志索引文件、日志文件），每隔一定的时间向 CASE 管理服务发送形成 CASE 请求。PDR 记录部分收到激发消息后，在场景表中形成一条记录，并将激发时间前后一定时间的日志文件拷贝到相应的场景文件夹中，并将拷贝文件信息写入到永久保存日志文件表中。反演是对事故发生时期所有信息的重现，包括画面、数据及报警等。反演时，PDR 反演进程与 CASE 管理功能配合启用与事故时刻对应的电网模型、图形以及数据，实现三者的匹配。分析部分的分析功能使用户能够获得过去某个时段中所关注的量测的数值或状态。处理时，首先将实时库信息根据快照文件和日志文件恢复到场景开始时刻，与反演所不同的是从日志文件读取事件信息后，分析程序自己处理这些事件，并将分析组中分析项的信息写入数据库。分析完毕之后，工作人员即可以通过人机系统读到这些数据。

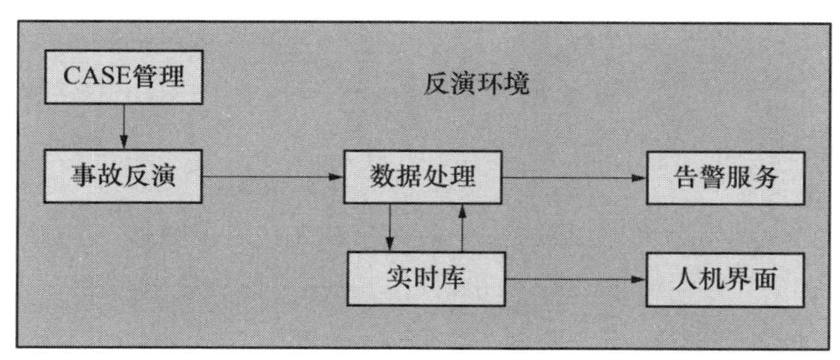

图 2-14　D5000 系统事故追忆实现过程

(5) SCADA模块常见问题及处理。

1) 前置接收遥测信息表中有数据而画面没有数据。

处理：检查前置多源遥测信息表是否正确，现有的机制是前置把多源表中的数据发往后台。

2) 计划文件传过来历史库中却没有更新。

处理：检查curve.conf文件配置是否正确，检查数据库的配置是否正确，检查日志文件是否有出错提示，可以把SCADA主机上的sca_plan进程调到前台来看一下。

3) 在画面上做人工操作不成功。

处理：首先图形浏览器不能用超级用户登录，如果不是超级用户，再检查消息总线或事件转发服务是否正常，可以把SCADA主机上的sca_op进程调到前台来看一下。

4) 会产生很多sca_plan的core文件。

原因：更新相关的动态库后，需要把sca_plan进程重启。当主—子站之间网络通信异常时，保护装置的动作、告警等信息可能会无法实时上传。通信恢复正常后，主站可以指定时间段召唤查询子站或装置内的历史信息。

二、D5000系统电网运行综合智能分析与告警

D5000系统综合智能分析与告警功能是综合利用稳态、动态、暂态、预警等应用模块提供的告警信息进行在线汇总分析，智能准确推理出电网一次设备故障、系统异常、系统预警、计划偏差等综合告警。

(1) 告警可视化展示，以基于地理信息的全景潮流图为基础，通过具有可视化效果的多窗口主题展示工具，集成显示告警后调度员所关注的画面、信息和辅助决策。

(2) 综合智能告警实现了告警信息在线综合处理、显示与推理分析，支持汇集和处理分析各类告警信息，对大量告警信息进行分类管理，对不同需求形成不同的告警显示方案，并从相关电网故障信息中分析出诸如故障类型、设备、位置等准确信息，利用形象直观的方式提供全面综合的告警提示。

综合智能告警支持对汇总的各类告警信息进行综合分析实现合理分类，包括电力系统运行异常告警、二次设备异常告警、网络分析预警、在线安全稳定分析预警、气象水情预警五大类。

(3) 二次设备异常告警：保护及安全控制装置动作信息，保护及安全控制

装置通道异常信息，远方自动控制异常信息，保护及安全控制装置异常信息。

气象水情预警：气象预警，包括天气类别（大风、雷电、冰雪、暴雨、大雾等）、影响地区、程度、持续时间等信息；水情预警，包括水电厂名称、水位越限（上、下限）、越限程度、出入库流量越限等信息。

告警总体构架图如图 2-15 所示。

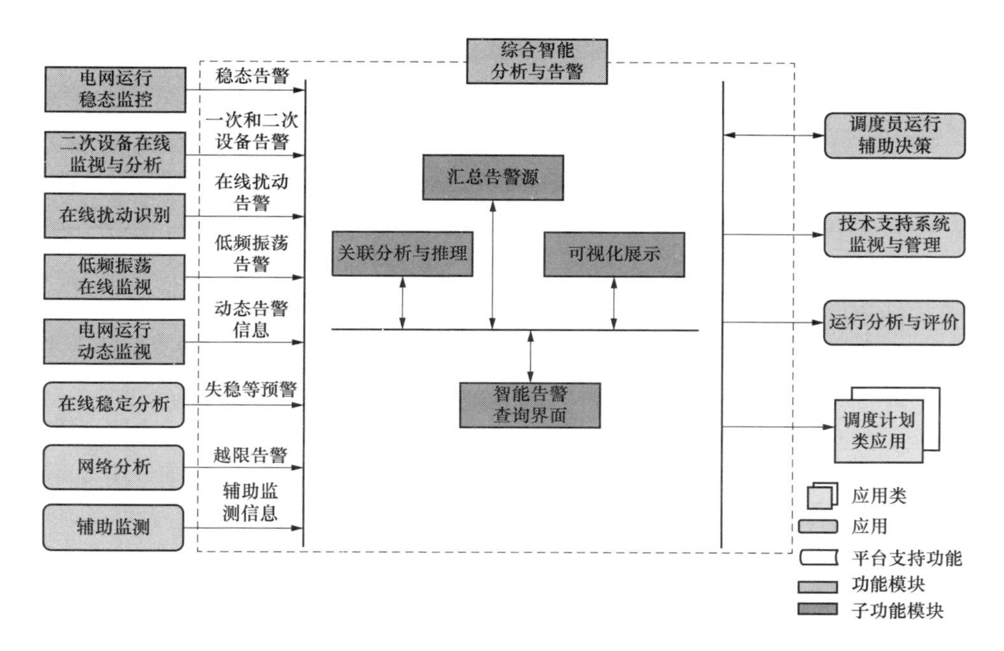

图 2-15　D5000 系统告警总体构架图

多级调度告警联合处理如图 2-16 所示。

三、D5000 系统二次设备在线监测

D5000 系统提供对二次设备运行状态的实时监视和运行信息的实时查询功能。二次设备模型管理、定值管理、录波文件管理等专业管理功能。实现基于故障录波文件的故障分析、故障测距等分析功能。提供对二次设备动作信息、运行信息的统计查询。

二次设备远程控制包括操作、安全校核、定值断面保存及快速恢复、操作过程完整记录。操作内容包括修改定值、切换定值区、投退软压板。安全校核方式包括数据合理性校验、完成性校核、监护操作。操作过程完整记录包括操作人员、操作节点、装置名称、修改前后的值、操作结果等。

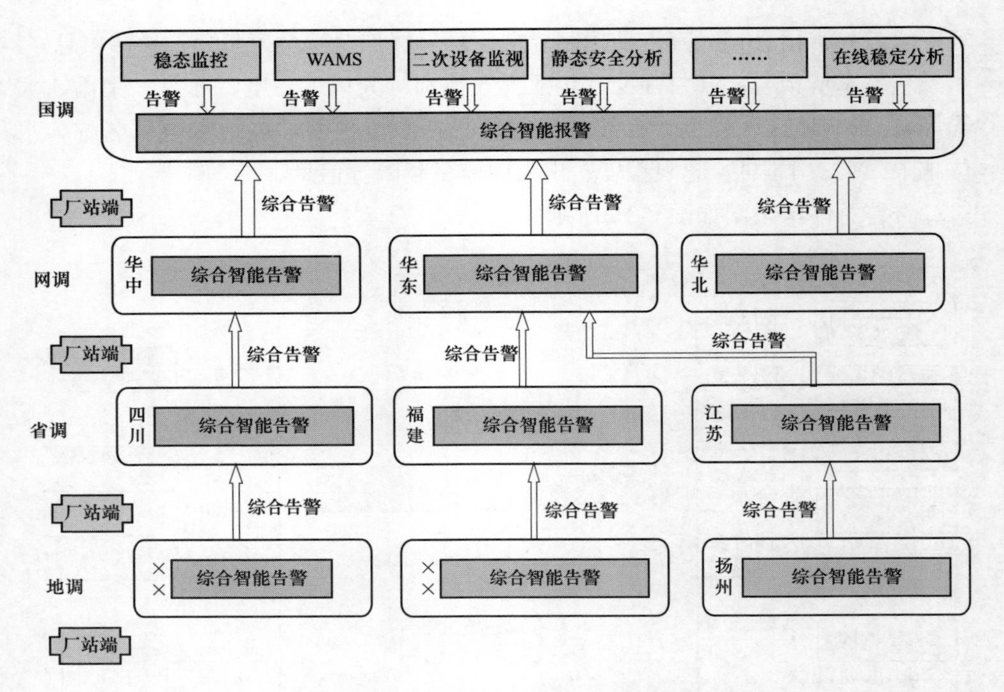

图 2-16 D5000 系统多级调度告警联合处理图

四、D5000 系统在线分析

D5000 系统在线分析模块，能够根据系统采集到的电力系统实时运行参数，进行数据整合、计算，从而归结出电力系统的运行状况。为监控员、调度员提供异常及事故处理的决策依据。包括低频振荡监视、在线扰动识别（机组跳闸、短路扰动、非全相运行、离线扰动分析、历史查询）。功能构成如图 2-17 所示。

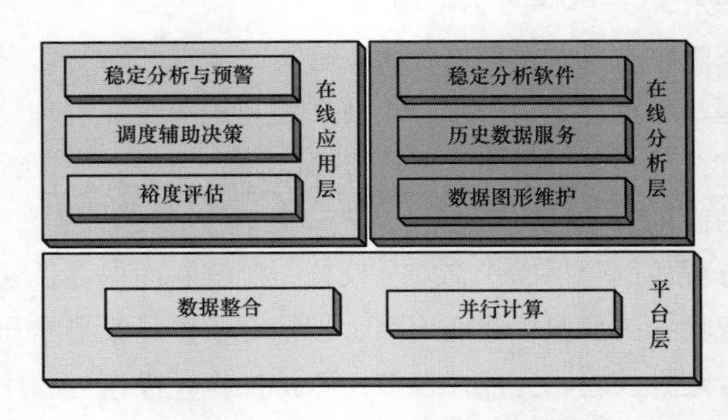

图 2-17 D5000 系统在线分析功能构成

五、D5000 内网安全监控系统

2000 年以来，我国电网运行控制系统发生了“二滩电厂停机事件”“时间逻辑炸弹事件”“换流站感染病毒事件”“500kV 母差保护误动”等多起信息安全事件，造成严重电网事故，严重影响电力系统安全稳定运行，安全形势非常严峻。针对电力二次系统安全情况，电力行业发布了《电力二次系统安全防护规定》和《电力二次系统安全防护总体方案》及系列配套安全防护方案，制定了“安全分区、网络专用、横向隔离、纵向认证”的总体防护策略。

安全监控应满足实时性、准确性、灵活性、交互性、可靠性的要求。

实时性指后台模块采用高效通信算法，满足应对大数据量的安全事件实时采集性能；采用并行模式实现事件的过滤、压缩、归并等加工功能，提高事件处理的效率；前台页面基于 Flash 图形，利用远程对象调用技术实现后台总线的数据监听，达到实时显示安全事件告警的目的。

准确性指通过多级过滤规则定义，实现在大量安全事件中准确定位安全攻击及威胁；采用告警归并技术，对短时间发生的抖动事件进行归并，提高事件告警的准确性。

灵活性指采集模块实现可配置的转发功能，实现下级调度向上级调度的灵活转发定义；采集模块实现动态链接库选择，实现设备日志转换的灵活配置；采用灵活可配置的告警生成规则定义。

交互性指前台提供了页面关联调用功能，实现安全信息从总体到具体的层层细化展现能力；实现安全设备与事件告警的关联，满足事件按等级、设备、地域等多维度的展现功能。

可靠性指基于稳定可靠的 Linux 操作系统，满足 7×24 可靠运行；采用持久化数据总线技术，保障安全事件的可靠处理及存储。

D5000 安全监控系统功能构架如下：

（1）自身安全监控包括采集层、处理层、展现层。

采集层：主要是日志采集引擎，采集所有信息。处理层：将采集层日志处理引擎采集到的信息进行归并、过滤、格式转换、标准化等处理；最终进行日志解析、行为分析、分级上报。展现层：该层是一个图形展示平台，包括安全实时告警、运行状态监测、统计分析、拓扑展现、加密认证集中管控、报表管理、设备管理、风险指标管理、辅助工具等。

（2）逻辑部署。各地市级调度中心和省调直接调度变电站，将本级采集到的信息通过各自安全区处理后，上送至国调中心。安全监控系统按照“统一部署、分级管理”原则，实现上、下级调度中心安全监视平台的级联通信，根据策略制定原则，下级中心主动报送上级监视平台告警信息。

目前，国调关系的下级平台的数据主要是两个方面，一是紧急度最高的告警，二是下级平台的统计数据。紧急度最高的告警需要实时上传，采取的是直接转发系统日志的方式。统计数据又分 2 部分：一为 5min 统计数据，二为天统计数据。5min 统计数据使用系统日志方式，天统计数据目前采用的 FTP 文件传输的方式。当网络有闪断，文件不能及时上传时，FTP 客户端根据策略选择重传，确保下级平台的统计数据能够及时上传。

六、D5000 系统调试注意事项

D5000 系统的模块较多，这里主要介绍与无人值守变电站密切相关的 AVC 系统接入及调试注意事项。

当主站系统更新为 D5000 AVC 系统后，接入水电厂、火电厂、光伏电站、地调、变电站的数量将越来越多。

省调 AVC 主站建设：必须保证 AVC 进程正常运行，状态估计和最优潮流计算准确。部署 AVC 应用的人机界面时，要求简洁明了、容易操作。

1. 水、火电厂接入 D5000 系统 AVC 及调试

（1）电厂子站准备工作。子站装置厂家按照主站提供的与 D5000 系统 AVC 应用的接口规范修改完善子站装置软件功能，达到能够接收省调主站 D5000 系统下发的指令，且能够准确解析并执行，能够上送省调主站 D5000 系统 AVC 应用要求的信息。

（2）与省调 D5000 主站 AVC 通信测试。电厂提供本厂远动装置与 D5000 系统 AVC 应用的通信点表。该信息点表由 D5000 平台厂家将其加入到 D5000 实时库；电厂 AVC 子站与省调 D5000 系统 AVC 通信通道和通信接口测试；试验时，AVC 主站与子站厂家、电厂远动装置厂家配合进行，核对上送和下发的数据，保证通信正常，由主站 AVC 应用厂家通过人工置数方式将指令下发到子站，子站核对是否能够正确解析。电厂做好测试记录；测试完成后，电厂将测试记录表签字盖章并上报省调，经方式处、自动化处确认同意后，电厂可申请切换回到与省调 AVC 系统的闭环。

（3）与省调 D5000 主站 AVC 开环测试。主站与子站核对母线电压，发电机当前无功值，确保数据正确后由省调 AVC 厂家人员通过人工置数的方式下

发母线电压的遥调值，测试子站发电机的调节能力，记录测试结果。

（4）与省调D5000主站AVC闭环测试。开环测试完成后，子站AVC将子站投入到远方控制，主站AVC实现闭环，测试24h。

2. 光伏电站接入及调试

（1）光伏电站子站准备工作。子站装置厂家按照主站提供的与D5000系统AVC应用的接口规范修改完善子站装置软件功能，能够接收省调主站D5000系统AVC应用下发的指令，且能够准确解析并执行；能够上送省调主站D5000系统AVC应用要求的信息；子站AVC厂家按照接入厂站的计划时间提前两天将点表提供给主站，光伏电站子站与省调CC2000系统AVC的闭环功能不应该受上述接口修改的影响。需要确认CC2000系统是否接入了光伏电站。

（2）与省调D5000主站AVC通信测试。光伏电站与省调自动化处联系，提供光伏电站远动装置与D5000系统AVC应用的通信点表。该信息点表由D5000平台厂家将其加入到D5000实时库，由D5000系统AVC应用厂家完成主站AVC建模工作；光伏电站与省调方式处、自动化处联系，申请进行光伏电站AVC子站与省调D5000系统AVC通信通道和通信接口测试；试验前，省调CC2000系统AVC对该光伏电站人工闭锁，不下发指令；试验时，AVC主站与光伏电站子站厂家、光伏电站远动装置厂家配合进行，核对上送和下发的数据，保证通信正常，由主站AVC应用厂家通过人工置数方式将指令下发到光伏电站子站，子站核对是否能够正确解析。光伏电站做好测试记录；测试完成后，光伏电站将测试记录表签字盖章并上报省调，经方式处、自动化处确认同意后，光伏电站可申请切换回到与省调CC2000系统AVC的闭环。

（3）与省调D5000主站AVC开环测试。主站与子站厂家核对母线电压值，当前无功设备的量测值，确保数据准确无误后由省调AVC厂家人员通过人工置数的方式下发母线电压的遥调设定值，测试光伏子站在相应的时间内母线电压是否能达到设定值，记录测试结果。

（4）与省调D5000主站AVC闭环测试。开环测试完成后，子站AVC将子站投入到远方控制，主站AVC实现闭环，测试24h。

3. 220kV以上变电站接入及调试

与省调D5000主站AVC通信测试：变电站与省调自动化处联系，按照调试时间安排提前两天提供变电站远动装置与D5000系统AVC应用的通信点表。该信息点表由D5000平台厂家将其加入到D5000实时库，由D5000系统AVC应用厂家完成主站AVC建模工作。

变电站与省调方式处、自动化处联系，申请进行变电站与省调 D5000 系统 AVC 通信通道和通信接口测试。

试验前，省调 CC2000 系统 AVC 对该变电站人工闭锁，不下发指令。

试验时，AVC 主站与变电站综自系统厂家配合进行，核对上送和下发的数据，保证通信正常，由主站 AVC 应用厂家通过人工遥控、遥调方式将指令下发到变电站综自系统，查看相应设备是否能够正确动作。

测试完成后，变电站上报省调，经方式处、自动化处确认同意后，变电站可申请切换到与省调 CC2000 系统 AVC 的闭环。

4. 变电站 SVC 装置与省调 D5000 主站 AVC 通信测试

(1) 变电站准备工作。变电站 SVC 装置厂家按照主站提供的与 D5000 系统 AVC 应用的接口规范修改完善子站装置软件功能，能够接收省调主站 D5000 系统 AVC 应用下发的指令，且能够准确解析并执行；能够上送省调主站 D5000 系统 AVC 应用要求的信息。

(2) 与省调 D5000 主站 AVC 通信测试。变电站与省调自动化处联系，提供变电站远动装置与 D5000 系统 AVC 应用相关 SVC 装置的通信点表。该信息点表由 D5000 平台厂家将其加入到 D5000 实时库，由 D5000 系统 AVC 应用厂家完成主站 AVC 建模工作；变电站与省调方式处、自动化处联系，申请进行变电站 SVC 装置与省调 D5000 系统 AVC 通信通道和通信接口测试；试验前，省调 CC2000 系统 AVC 对该变电站人工闭锁，不下发指令；试验时，AVC 主站与变电站综自系统厂家、SVC 装置厂家配合进行，核对上送和下发的数据，保证通信正常，由主站 AVC 应用厂家通过人工置数方式将指令下发到变电站综自系统，查看相应设备是否能够正确动作；测试完成后，变电站上报省调，经方式处、自动化处确认同意后，变电站可申请切换到与省调 CC2000 系统 AVC 的闭环。SVC 装置切换回“就地”运行。

5. 地调 AVC 接入及调试

(1) 地调 AVC 准备工作。地调 AVC 按照主站提供的与 D5000 系统 AVC 应用的接口规范修改完善地调 AVC 软件功能，能够接收省调主站 D5000 系统 AVC 应用下发的指令，且能够准确解析并执行；能够上送省调主站 D5000 系统 AVC 应用要求的信息；子站 AVC 厂家按照接入厂站的计划时间提前两天将点表提供给主站，目前地调 AVC 与省调 CC2000 系统 AVC 的闭环功能不应该受上述修改的影响。需要先确认目前 CC2000 系统是否接入了该地调 AVC。

（2）与省调 D5000 主站 AVC 通信测试。地调与省调自动化处联系，提供地调 AVC 与 D5000 系统 AVC 应用的通信点表。该信息点表由 D5000 平台厂家将其加入到 D5000 实时库，由 D5000 系统 AVC 应用厂家完成主站 AVC 建模工作；地调与省调方式处、自动化处联系，申请进行地调 AVC 与省调 D5000 系统 AVC 通信通道和通信接口测试；试验前，省调 CC2000 系统 AVC 对该地调 AVC 人工闭锁，不下发指令；试验时，AVC 主站与地调 AVC 系统厂家配合进行，核对上送和下发的数据，保证通信正常，由主站 AVC 应用厂家通过人工置数方式将指令下发到地调 AVC 系统，地调 AVC 系统查看是否能够正确解析指令；测试完成后，地调上报省调，经方式处、自动化处确认同意后，地调 AVC 可申请切换回到与省调 CC2000 系统 AVC 的闭环。

6. AVC 系统通信协议及交互信息要求

500kV（330kV）变电站子站上送信息量见表 2-1。

表 2-1　　500kV（330kV）变电站子站上送信息量

项　目	指　令　内　容
全站 AVC 的远方、就地信号（遥信量）	全站是否投入 AVC 闭环控制。 0 就地控制、1 远方 AVC 闭环控制
每个电容器、电抗器的远方、就地信号（遥信量）	一个电容器或电抗器是否投入 AVC 闭环控制
每个电容器、电抗器的保护动作信号（遥信量）	
每个主变分接头的远方、就地信号（遥信量）	一个分接头是否投入 AVC 闭环控制
每个主变分接头的保护动作信号（遥信量）	

主站下发信息量见表 2-2。

表 2-2　　主站下发信息量

项　目	指　令　内　容
每个电容器、电抗器的遥控点（遥控量）	对应到电容器开关上，0 控分，1 控合，需要严格保证电容器和对应断路器遥控点的一致性
每个主变分接头的遥调或遥控点（遥控量）	每个分头一个遥控点，0 降、1 升

500kV（330kV）变电站 SVC 装置子站送信息量见表 2-3。

表 2-3　　500kV（330kV）变电站 SVC 装置子站上送信息量

项　目	指　令　内　容
330kV 电压采样值（遥测量）	330kV 母线电压 SVC 装置应能实时将装置采集并用于控制判定的 330kV 母线电压值上送到调度主站
SVC/SVG 闭锁信息（遥信量）	0 未闭锁，1 闭锁。 表示 SVC 装置接受主站 AVC 控制的状态是否闭锁

主站下发信息量见表 2-4。

表 2-4　　主站下发信息量

项　目	指　令　内　容
电压设定值（遥调量）	330kV 母线电压×10+循环码×10000
电压死区值（遥调量）	电压死区值×10+循环码×10000

调度 AVC 主站下发的命令通过调度中心 D5000 系统转发流程如图 2-18 所示。

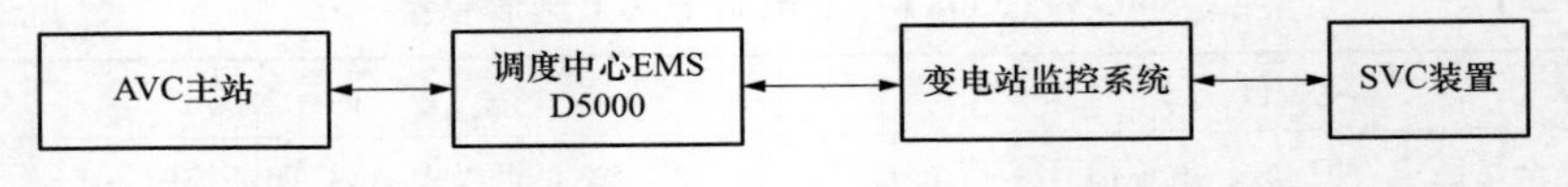

图 2-18　D5000 系统调度 AVC 命令转发流程

7. 省调与地调间的通信

（1）省地协调过程中，需要地调 AVC 实时上传的信息量包括以下。

1）关口当前的总有功、总无功遥测值。该量对应到关口，将每个复合关口内的所有 110kV 线路实时有功、实时无功进行总加，合并为总有功功率、总无功功率，并上送省调 EMS 和省调 AVC 系统中。每个关口实时上送 2 个数据。

2）可用状态信号。该量对应到地调，每个地调有一个信号，表示现在地调 AVC 系统是否可用。

3）远方就地信号。该量对应到地调，每个地调有一个信号，表示现在地调 AVC 是否采用省调 AVC 的协调控制策略。

在地调 AVC 向省调 AVC 发送的协调遥测遥信数据中，对每个关口包括：实时有功、实时无功、正常可增无功、正常可减无功、紧急可增无功、紧急可减无功 6 个遥测。

（2）省地协调过程中，省调 AVC 需要向地调 AVC 下传的信息量包括刷新时标。该量对应到地调，每个地调有一个数据，表示当前针对该地调的协调变量设定值的刷新时刻。地调可用该数据判断设定目标值是否可用。时标为 8 位整数，格式为 MMDDHHM，例如 11081024 表示 11 月 8 日 10 时 24 分。

（3）省调地调间的通信方式。省调主站 AVC 系统与地调 AVC 系统的通信采用省调和地调之间的数据转发通道。地区 AVC 系统需要上送的信息，以转发遥测、遥信的方式传送到省调 D5000 系统的实时库中，然后省调 AVC 系统从 D5000 的实时数据库中读取。省调 AVC 系统对各个地调 AVC 系统的关口协调信息写入 D5000 的实时数据库中，D5000 系统利用省、地调之间的数据转发通道，把需要协调的关口量以遥测、遥信的形式转发给地调 SCADA 系统。

省调 AVC 和地调 AVC 系统之间的数据通信过程如图 2-19 所示。

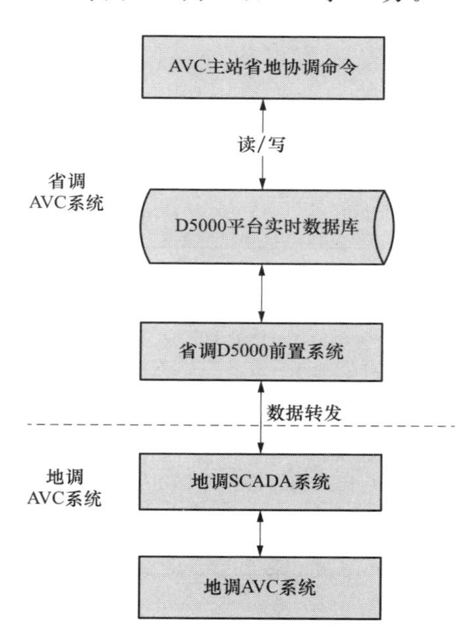

图 2-19 省调 AVC 和地调 AVC 系统之间的数据通信过程

表 2-5 地调子站上送信息量

项　目	说　　明
地调关口实时有功功率（遥测量）	该量对应到关口，将每个复合关口内的所有 110kV 线路实时有功进行总加，合并为总有功功率
地调关口实时无功功率（遥测量）	该量对应到关口，将每个复合关口内的所有 110kV 线路实时无功进行总加，合并为总无功功率
地调关口正常情况下可增加的无功容量（遥测量）	该量对应到关口，每个关口有一个数据，表明从该关口向下辐射的整个电网内在正常情况下，真正“可增加”的无功容量，对于那些可能会导致电压越限、设备投切次数超限、动作时间间隔过短的设备不统计在当前可用容量中
地调关口正常情况下可减少的无功容量（遥测量）	该量对应到关口，每个关口有一个数据，表明从该关口向下辐射的整个电网内在正常情况下，真正“可减少”的无功容量，对于那些可能会导致电压越限、设备投切次数超限、动作时间间隔过短的设备不统计在当前可用容量中

续表

项　目	说　明
地调关口紧急情况下可增加的无功容量（遥测量）	该量对应到关口，每个关口有一个数据，表明从该关口向下辐射的整个电网在考虑所有可控手段的情况下，最多可增加的无功容量。紧急情况特指省网电压越限，且省网所有控制手段都已经用尽的情况
地调关口紧急情况下可减少的无功容量（遥测量）	该量对应到关口，每个关口有一个数据，表明从该关口向下辐射的整个电网在考虑所有可控手段的情况下，最多可减少的无功容量。紧急情况特指省网电压越限，且省网所有控制手段都已经用尽的情况
地调关口是否允许参与省地协调（遥信量）	该量对应到关口，每个关口有一个遥信数据，表明该关口是否允许参与省地协调。1为参与，0为不参与
地调AVC系统可用状态信号（遥信量）	该量对应到地调，每个地调有一个信号，表示现在地调AVC系统是否投入运行。1为投入，0为退出
地调AVC系统远方就地信号（遥信量）	该量对应到地调，每个地调有一个信号，表示现在地调AVC是否响应省调AVC的协调控制策略（1为远方，0为就地）
地调AVC系统刷新时标（遥测量）	上送上述数据量的刷新时刻

表2-6　　省调主站下发信息量

项　目	说　明
指令刷新时刻（遥测量）	该量对应到地调，每个地调有一个数据，表示当前针对该地调的协调变量设定值的刷新时刻。地调可用该数据判断设定目标值是否可用
协调控制优先级（遥信量）	该量对应到关口，表明针对该关口的协调控制命令是正常协调命令还是强制执行命令（1为强制，0为正常）
关口无功设定值上限（遥测量）	该量对应到关口，每个关口对应一个数据，表示当前从省调侧期望的该关口无功上限
关口无功设定值下限（遥测量）	该量对应到关口，每个关口对应一个数据，表示当前从省调侧期望的该关口无功下限

8. 主站遥控闭锁信息规范

为确保省级电网AVC系统安全运行，需要变电站子站提供电容器、电抗器、主变分头的闭锁信息，当出现闭锁信号后，AVC自动将控制的设备闭锁，值班人员检查相应设备的闭锁情况，待闭锁事故消除后由主站AVC人工进行解锁。

（1）出现以下情况，电容/抗器闭锁：

1）设备不参与控制（或不允许控制）；

2）设备关联的保护动作；

3）设备连续 2 次（定值可设置）控制失败；

4）设备动作次数达到上限；

5）距离设备上次投/切时间小于定值（可设置）；

6）设备在冷备用状态；

7）设备远方、当地把手在就地位置；

8）设备不满足投/切顺序的要求；

9）投入闭环自动控制的设备，未经控制其状态发生突变。

（2）出现以下情况，主变分接头闭锁：

1）分接头不参与控制（或不允许控制）；

2）主变、分接头关联的保护动作，主变停运；

3）分接头连续 2（定值可设置）次控制失败；

4）分接头出现滑挡；

5）分接头已经达到最高（低）挡位；

6）分接头动作次数达到上限（分时段，高峰分配全天允许动作次数的 70%，低谷和平峰分配全天允许动作次数的 30%）；

7）距离设备上次升/降时间小于定值（可设置）；

8）设备远方、当地把手在就地位置；

9）投入闭环自动控制的分接头，未经控制其挡位发生突变；

10）主变分接头无量测或者量测明显不合理；

11）主变重载，当前视在功率超过 90%（定值可设置）额定功率；

12）高压侧电压低于安全值，如 330kV 母线低于 310kV（定值可设置）。

第四节　安防消防系统设备运行维护

无人值守变电站的辅助设施主要指为保证无人值守变电站安全稳定运行而配备的消防、安防、视频、通风、制冷、采暖、除湿、生活水系统、照明系统，电缆沟、端子箱孔洞封堵、道路、建筑物、厂区环境等。运维人员应根据工作计划，定期进行辅助设施维护、试验及轮换工作，发现问题及时处理。运维站应结合本地区气象、环境、设备情况，临时增加辅助设施检查维护工作的频次。

本节重点介绍无人值守变电站主要的两类辅助设施——消防系统和安防系统。

一、安防系统设备运行维护

（1）无人值守变电站安防设施基本要求。

1）须具备完善的安防设施，应能实现安防系统运行情况监视、入侵探测、防盗报警等主要功能，相关报警信息应传送至调控中心；

2）实体防护应满足《变电站安全技术防范系统配置指导意见（试行）》规定，防护措施可靠有效，并报有关部门审查；

3）大门正常应关闭、上锁，装有防盗报警系统的应定期检查、试验报警装置完好；

4）运维人员在巡视设备时应兼顾安全保卫设施的巡视检查；

5）按相关保卫规定，未经审批和采取必要安全措施的易燃、易爆物品严禁携带进站；

6）无人值守变电站的安防系统包括电子围栏、门禁系统、设备区安全保卫用摄像头等设备。

（2）安防系统的设备正常运行监控，由设备运维单位或设备集中监控中心集中进行。（无人值班变电站的安防系统监控分为两种模式：一种是220kV及以下无人值班变电站，由设备运维单位集中监控本单位所管辖变电站的安防系统和消防系统；另一种是330kV及以上变电站设备运行集中监控一般由省调控中心集中监控，这些变电站的安防系统和消防系统监控可以由省调控中心随设备同时监控，也可以由设备运维单位统一监控本单位所管辖无人值班变电站的安防系统和消防系统运行。）

安防系统的设备正常巡视和维护工作由运维站负责，安防系统的设备巡视与无人值班变电站电气设备巡视同时进行，220kV及以下变电站每周巡视一次，330kV及以上变电站每周巡视两次。

（3）运维站人员每半个月应对安防系统设备进行主（备）切换一次，并对安防系统录像资料进行整理、拷贝，确保系统存储容量满足运行要求。

（4）安防系统运行中，监控人员发现系统或设备出现异常时，应立即通知运维站值班人员。运维站接到通知后，应立即组织维护人员赶赴现场，进行处理。

二、消防系统设备运行维护

（1）无人值守变电站消防设施基本要求。

1）具备完善的消防设施，相关报警信息应传送至调控中心；

2）无人值守变电站应配备数量足够且有效的消防器材并放置在固定地点，相关运维人员应会正确使用、维护和保管；

3）应备有经消防主管部门审核批准的防火预案；

4）运维站负责管理、检查无人值守变电站消防器材的放置、完好情况并清点数量，记入相关记录；

5）运维站负责建立所辖无人值守变电站消防设备档案、台账等技术资料；

6）消防室（亭）的门不应上锁，消防通道应保持畅通；

7）运维人员应定期学习消防知识和消防用器材的使用方法，熟知火警电话和报警方法，定期组织消防演习；

8）消防系统的灭火器应按规定周期更换药剂，检查维护。

（2）无人值守变电站的消防系统包括火灾报警系统、烟感报警系统、变压器充氮灭火系统、灭火器、疏散通道标识等设备。

（3）消防系统的设备正常运行监控，由设备运维单位或设备集中监控中心集中进行。（无人值班变电站的安防系统监控模式与安防系统一致。）

（4）消防系统的设备正常巡视和维护工作由运维站负责，与安防系统的设备巡视和维护周期相同。

（5）定期进行无人值班变电站消防演习。

（6）消防系统运行中，监控人员发现系统或设备出现异常时，应立即通知运维站值班人员；运维站接到通知后，应立即组织维护人员赶赴现场，进行处理。

（7）当无人值班变电站发生火灾时，监控人员在通知运维人员的同时，还要立即拨打消防报警电话。

（8）消防检查内容包括：火灾隐患的整改情况以及防范措施的落实情况；安全疏散通道、疏散指示标志、应急照明和安全出口情况；灭火器材配置及有效情况；用火、用电违章情况；消防安全重点部位的管理情况；易燃易爆危险物品和场所防火防爆措施的落实情况及其他重要物资的防火安全情况；消防安全标志的设置、完好情况及烟感报警系统的运行情况。

（9）电网设备重点消防单位应当定期进行消防巡查，巡查内容包括：用火用电违章情况；安全出口、疏散通道畅通情况，安全疏散指示标志、应急照明完好情况；消防设施、器材和消防安全标志在位、完整情况；常闭式防火门关闭状态，防火卷帘下是否堆放物品；消防安全重点部位的人员在岗情况。

（10）各单位安全质量监察部门应制定灭火和应急疏散预案，预案应当包括：组织机构（包括灭火行动组、通信联络组、疏散引导组、安全救护组）；报警和接警处置程序；应急疏散的组织程序和措施；扑救初起火灾的程序和措施；通信联络、安全防护救护的程序和措施。

（11）运维站应该建立消防安全基本情况，应包括：电网设备基本情况和消防安全重点部位；电网设备消防管理组织机构和各级消防安全责任人；消防安全制度；消防设施、灭火器材情况；与消防安全有关的重点工种人员情况；电网设备灭火和应急疏散预案。

（12）消防安全管理情况应当包括以下内容：公安消防机构填发的各种法律文书；电网设备消防设施定期检查记录，自动消防设施全面检查测试报告以及维修保养记录；电网设备火灾隐患及其整改情况记录；电网设备防火检查、巡查记录；消防安全培训记录；电网设备灭火和应急疏散预案的演练记录。

第五节　通信自动化设备运行维护

一、通信设备运行维护

电力通信网是国家专用通信网之一，是电力系统重要组成部分，是电力生产、调度、管理、营销等基础支撑系统。

电力通信运行管理实行统一调度、分级管理、下级服从上级、局部服从整体、支线服从干线、属地化运行维护的原则。

无人值班变电站应具备相应的监测手段，监测数据能够及时传输到所属运维站或有人值班变电站。

1. 设备管理

同一条线路的两套继电保护和同一系统的两套安全自动装置，应配置两套独立的通信设备，并分别由两套独立电源供电，两套通信设备和电源在物理上应完全隔离。电力调度机构与变电站和大中型发电厂的调度自动化实时业务信息的传输应同时具备两条不同物理路由的通道。通信设备应排列整齐、标识清晰准确。承载继电保护及安全自动装置业务的设备及缆线等应有明显标识。通信设备与电路的运行巡视可以通过网管远程巡视和现场巡视相结合。通信站的消防、安保、空调、事故照明的责任部门，由通信站运行管理所属单位负责落实。无人值班通信站通信蓄电池总容量一般应满足 12h 的实际负荷放电时间。地处偏远的通信站，其供电方式和蓄电池总容量，根据实际需要配置。

站内通信设备、电路和动力、环境等实时监控数据传送至运行维护单位或有人值班站。通信监控性能稳定，遥信量、遥测量齐全，具备部分遥控功能；站内监控数据通过两条不同路径的通道，传送至运行维护单位或有人值班站；运行维护单位配备抢修人员、交通工具及备品备件、仪器仪表、工器具。当通信监控异常，站内实时监控数据无法传送至运行维护单位或有人值班站时，应实行有人值班。

2. 设备巡视

巡视设备工作状况，包括设备告警、工作温度、散热情况等。巡视设备工作状况，包括设备告警、工作温度、散热情况等。

3. 计划通知

通信调度管辖范围内的通信设备状态或运行方式改变，影响本级电网其他专业时，通信调度应将有关影响及时通知本级电网调度；若对上级或下级通信机构调度管辖的通信设备运行方式或传输质量有影响时，操作前、后应及时通知上级或下级通信机构通信调度员。

4. 异常故障处理

(1) 遇有重大问题时，除汇报上级通信调度、本级电网调度外，还应同时汇报所在单位通信主管领导。

(2) 故障处理。各级通信运行维护机构应在本级和上级通信调度的统一指挥下开展故障抢修工作。通信调度员应根据故障影响程度按规定启动通信反事故预案。

(3) 故障发生时，检修人员应及时向当值通信调度员汇报故障设备状态，并按照通信调度员的指挥处理故障。

5. 检修

影响电网生产调度业务运行的通信检修，应经相关专业会签后方可执行，影响通信业务的电网一次设备检修应经通信机构会签后方可执行。涉及电网运行的通信计划检修宜与电网检修同步进行。不影响电网业务、能够在短时间内结束的通信检修工作，可不必退出电网业务。

6. 通信设备的维护

通信设备的维护工作包括对传输设备、交换设备、电源设备、配线系统、过电压防护和室外设备的维护。

1）传输设备维护：滤网清洗、收发信电平检测、误码率测试、数据备份、告警试验等。微波馈线充气机工作状态检查、更换干燥剂。

2）交换设备维护：交换机中继线和迂回路由工作情况检测、系统数据备份，调度台、录音系统设备的运行状况检测等。

3）电源设备维护：电压、电流检测，交、直流切换试验，蓄电池外观检查、单体电压测试、充放电试验，告警、监控检测等。太阳能电源极板清洁、电池控制器检测。

4）配线系统维护：配线资料、标识标签检查、更新，配线接头紧固等。

5）过电压防护维护：防过电压元器件工作状况检查、性能测试，接地点检查等。

6）室外设备维护：天馈线、光缆接续盒、结合滤波器防腐、防水检查、处理等。

7. 通信机房巡视主要项目

空调机（系统）运行是否正常，环境温度、湿度是否满足要求。消防、防盗、防人为破坏等安全设施是否完好，门磁告警等机房环境监测是否正常。防小动物等设施是否完好，防自然灾害措施是否完善。机房内是否存放易燃易爆、腐蚀性、强磁性物品和其他杂物。蓄电池室防爆灯具、通风换气设施工作是否正常。

8. 导引光缆、高频电缆、通信缆线沟道巡视、检查主要项目

导引光缆、高频电缆外表是否有损伤，标牌标识是否完好、清晰。导引光缆、高频电缆在电缆沟道中是否与动力电缆隔离。通信缆线沟道内是否有积水、杂物。通信缆线沟道及管孔防火封堵是否完好。

9. 通信回路异常处理

变电站一次、二次设备运行监控中，出现通信状态异常或者中断时，监控人员应立即汇报设备调度员，设备调度员与通信调度员联系，由通信调度组织通信异常处理。同时，监控中心（室）应通知变电站运维人员，检查变电站内设备，恢复变电站现场监盘。

二、自动化设备运行维护

1. 自动化设备划分

无人值守变电站的通信自动化设备运行监控，由变电设备监控部门随主设备同时进行。自动化设备的运行维护按照预先划分的界面由调度自动化部门和设备运维单位分别进行。一般保护室内、保护装置和测控装置到变电站监控后台机之间的维护属于设备运维单位，即设备运维站负责。变电站远动机、调控中心（室）的主站端自动化设备属于调度自动化部门维护。

2. 自动化设备检修

变电站内的自动化设备检修工作必须纳入公司作业计划管理范畴，按月上报检修计划，列入月度检修计划平衡会进行平衡，同时各单位提前2个工作日在OMS系统中提出调度自动化系统检修工作申请，并严格执行。如有内容变更、改期、延期等情况，应按规定履行相关手续。

变电站自动化系统及设备检修工作开始前，负责检修工作的运维人员应提前电话向相关调度自动化人员申请，征得同意后方可开展自动化检修工作；检修工作完成后，负责检修工作的运维人员确认具备竣工条件后，向相关调度自动化值班人员申请竣工，调度自动化值班人员确认所有调度自动化系统业务已恢复、运行指标合格、满足运行要求后，现场检修人员方可终结工作。

3. 自动化设备维护

1）变电站内的远动装置、测控装置、站控层交换机、间隔层交换机、调度数据网设备、二次安防设备等需要重启时，必须经调度自动化人员同意，未经许可不得擅自进行设备重启。

2）变电站开关模拟传动、远动数据修改及测控装置加量模拟检验等影响上送调度主站自动化信息的工作，必须提前告知相关调度自动化人员，得到许可后方能开展工作。

3）数据维护等工作前，必须进行数据库备份，备份数据库应保存在专业存储设备上，存储设备不得挪作他用。

4）厂家人员进行自动化系统维护工作前，应进行危险点告知，交代公司相关管理规定和运行维护注意事项。现场自动化工作负责人应履行好工作职责，做好对厂家人员的监护，防止厂家人员随意修改现场参数或数据、擅自扩大作业范围。厂家人员使用存储介质前必须进行杀毒。

5）现场维护情况应记入现场维护记录本，维护记录应详细注明改动的内容、改动日期、版本号、现场工作负责人、工作票编号等，省调将不定期对现场维护记录进行检查。

6）对变电站自动化系统或设备的定期巡检，应与继电保护设备的定期巡检同步开展，每季度至少进行一次专业巡视检查，发现异常情况及时处理，并做好相关记录。

例如：某省检修公司在进行变电站调控数据优化过程中，未经省调自动化人员许可重启远动设备，造成调度自动化数据多次跳变，影响省公司在国调的状态估计遥测合格率指标。

第六节　无人值守变电站一次设备运行维护

关于变电站一次设备的正常运行维护和巡视检查的相关知识及重点内容在《330kV 与 750kV 变电运行技术问答》和《GIS 设备运行维护及故障处理》两本教材已经做过较详细的介绍，这里仅针对无人值守变电站一次设备运行维护及巡视检查的重点、要领和具体方法做一补充。

一、变压器、电抗器及站用变运行维护

1. 变压器、电抗器及站用变远程巡视

变压器、高压电抗器及站用变均为充油设备，远程巡视重点要监视油位变化，观察是否有漏油、缺油现象。监视上层油温度、绕组温度，看是否有油温过高现象，判断变压器、电抗器是否有内部故障。监视冷却系统运行是否正常，呼吸器硅胶颜色有无变化。观察变压器、电抗器及站用变本体及所有附件外部有无裂纹、鼓肚、搭挂杂物、渗漏油等异常情况。检查负荷变化，有无过负荷。观察气体继电器内有无气体。

2. 监控人员与运维人员联合巡视

（1）变压器、电抗器及站用变在运行中出现异常或故障时，监控人员和运维人员应联合对异常或故障设备进行重点巡视和监视。

（2）当变压器出现过负荷、油温高、轻瓦斯动作告警、冷却器异常等情况时，监控人员立即通知运维人员赶赴现场检查设备实际状况。运维人员根据监控人员监控到的信息和检查设备结果共同判断设备异常影响程度，立即做出应急处理。对于运维人员能处理的异常及故障，应立即处理；不能处理的异常和缺陷，应作临时处理，防止异常和缺陷继续发展。

（3）监控人员与运维人员例行联合巡视，是在运维人员对某无人值守变电站进行巡视时，由监控人员提供该变站设备最新监控数据，运维人员结合运行数据和存在的缺陷进行重点设备、带缺陷设备重点巡视维护。

（4）联合巡视的重点部位是远程巡视摄像头观察的死角处和图像不清晰处。联合巡视也可以发现信息传输系统等产生的误发信息。

（5）如在相同负荷情况下，三台主变油面温度相差较大时，运维人员在现场进行重点巡视、原因分析、计算当时负荷下折算出的主变绕组温度和上层油温，再进一步比对。若仍然不能找到原因，应对温度计进行校验，对感温回路及相关信息传送回路进行检查。

3. 变压器、电抗器及站用变日常巡视维护

（1）变压器、电抗器及站用变的正常巡视检查：声音应正常；储油柜及套管内油位应正常，外观清洁，无渗漏油现象；主变压器的上层温度应正常；三相负荷应平衡且不超过额定值；引线不应过松过紧，连接处接触应良好、无发热现象；气体继电器内应充满油；防爆管玻璃应完整，无裂纹、无存油现象，防爆器红点应不弹出；冷却系统运行应正常；油流继电器指示正确；绝缘套管应清洁，无裂纹和放电打火现象；呼吸器应畅通，油封完好，硅胶不变色。

（2）变压器、电抗器在以下情况下运维人员应增加巡视次数或进行特殊巡视：

①新投入或经过检修、改造后投运 24h 以内；②有严重缺陷时、气象突变时、过负荷运行时、通过故障电流后进行特殊巡视检查，重点检查储油柜油位和瓷套管油位变化，各侧连接引线是否有断股或接头处发红、搭挂杂物现象，各密封处是否有渗漏油现象，瓷套管有无闪络、放电痕迹及破裂现象，避雷器放电记录仪动作情况。

4. 变压器、电抗器及站用变的操作注意事项

（1）变压器、电抗器投运前，必须先投入冷却器，主变压器退出运行后，方可断开冷却器电源开关。

（2）变压器、电抗器正常由高压侧向中压侧、低压侧送电，当由中压侧向高压、低压侧输电时，也应该按公共绕组的电流不超过其额定运行。变压器正常充电时，必须在变压器的主保护（瓦斯及差动）投入后方可用高压电源侧开关充电，严禁用中压侧开关向主变压器充电。

（3）在变压器、电抗器投运前，值班人员应仔细检查，确定变压器在完好状态，具备带电运行条件，有载调压开关处于规定位置，各变压器和电抗器的

保护部件全部投入，过电压保护及继电保护系统处于正常、可靠状态。

（4）新投运的变压器、电抗器必须在额定电压下作冲击合闸试验，新装投运的变压器冲击 5 次，大修更换、改造部分绕组的变压器投运则冲击 3 次。如有条件要先从零起升压，后进行正式冲击试验。

（5）变压器、电抗器在检修后投入运行的 48h 内，应将瓦斯保护投入信号位置，48h 后若运行正常，再将瓦斯保护改投至跳闸位置。

（6）强油循环风冷却式变压器，投入运行前必须启动冷却装置。变压器停运时，先停变压器，冷却器装置运行一段时间后再停止。

（7）运行中有载调压开关的气体继电器发出信号或分接开关油箱换油时，禁止操作，并应断开有载调压装置电源小开关。运行中有载调压开关气体继电器瓦斯信号频繁动作时，监控值班人员应做好记录并汇报调度，停止进行操作。通知运维人员到现场检查，共同分析原因及时处理。

5. 变压器、电抗器及站用变的运行维护工作重点

（1）根据在线监测数据，对特性气体超标的变压器、电抗器现场取油进行实验室分析。

（2）监控人员和运维人员巡视检查变压器、电抗器油在线检测装置应运行正常，分析数据应正常。

（3）运维人员检查主变、高压电抗器充氮灭火装置各部件符合投运标准，气体压力在正常范围。阀门位置、报警信号显示、工作状态及启动操作开关均在正常位置。采用水灭火系统时，灭火系统的压力、喷淋头应良好。

（4）变压器和电抗器外壳接地应良好，接地电阻合格，铁芯接地、中性点接地，电容套管接地端接地应良好。

（5）变压器各侧分接开关位置应放置在调度要求的挡位上，且三相一致（对于分相变压器而言）。有载调压变压器，电动、手动操作指示均应正常。无载调压变压器各挡位直流电阻测量应合格，相间无明显差异，与历年测试值比较相差不大于±2％。

（6）冷却器试运转，自启动信号装置的切换、启动应正常，油泵、风扇转动方向应正确，无异常声音。呼吸器油封应完好、气体通道畅通、硅胶不变色。变压器、电抗器引线对地及相间距离应合格，各部导线应紧固良好，无过紧过松现象。防雷保护应符合规程要求。防爆管内部应无存油，玻璃应完整，其呼吸小孔螺丝位置应正确，防爆器红点不弹出，动作及发信号试验正常，温度表指示正确（就地、遥测）。

（7）有载调压开关的电动控制应正确无误，电源可靠，各接线端子接触良好，驱动电机转动正常、转向正确，其熔断器额定电流按电机额定电流 2～2.5 倍配置。

（8）强迫油循环变压器油流继电器动作正常，油泵运行情况，油路是否有堵塞，试验当油流量达到动作油流量或减少到返回油流量时均能发出相应的报警信号。

二、GIS 设备运行维护

1. GIS 设备的远程巡视

（1）监控中心或运维站在远方对所管辖变电站的 GIS 设备巡视时，重点是通过摄像头查看每一个 SF_6 压力表指示，判断其室内 SF_6 气体压力是否正常，判断相关气室是否有漏气现象。

（2）查看伸缩节记录仪有无变化。特别是在冬季气温最低的时候和夏季气温最高的时候，重点巡视伸缩节位置记录仪变化，并记录观察数据，以便及时分析判断 GIS 设备气室因金属热胀冷缩造成的不正常位置移动，评估对设备安全运行带来的风险。

2. 监控人员与运维人员联合巡视

根据监控人员提供的 GIS 设备近期运行健康状况，存在的缺陷、隐患、异常位置，由运维人员进行缺陷、隐患、异常确认，有目的、有针对性地进行巡视检查。如 SF_6 气体压力异常检查，设备漏气点确认，设备伸缩节位移数据确认等。

3. GIS 设备日常巡视维护

（1）断路器、隔离开关、接地开关位置指示正确，并与当时实际运行方式相符。

（2）记录断路器和隔离开关的累计动作次数。记录液压泵计数器的操作次数（要求在每天 8 次以下）。

（3）各种指示灯、信号灯的指示是否正常，控制柜内加热器的工作状态是否按规定在投入或退出状态。

（4）各种压力表和油位计的指示值是否正常。

（5）断路器液压系统检查确认压力表的指针是否在 31.5±0.5～33.5±0.5MPa。

（6）避雷器的动作计数器指示值是否正常，在线检测泄漏电流指示值是否正常。

（7）裸露在外的接线端子有无过热情况，汇控柜内有无异常现象。

（8）可见的绝缘件有无老化、剥落、裂纹。

（9）有无异常声音及异味。

（10）设备的操动机构和控制箱等的防护门、盖是否关严。

（11）外壳、支架等有无锈蚀、损坏，瓷套有无开裂、破损或污秽情况。外壳漆膜是否有局部颜色加深或烧焦、起皮现象。

（12）各类管道及阀门有无损伤、锈蚀，阀门的“开”“关”位置状态是否与图纸或运行要求相一致。管道的绝缘法兰与绝缘支架是否良好。

（13）接地端子有无发热现象，接触应完好。金属外壳的温度是否超过规定值。

（14）所有设备是否清洁、标志清晰、完善。

（15）检查连接用接地铜带的螺钉是否牢固无松动。

（16）液压操动机构传动部件有无干涩、变形及损伤部位。

（17）电动弹簧机构储能电源开关位置正确。储能电机运转应正常，储能指示器指示正确。行程开关无卡涩、变形。分、合闸线圈无冒烟、异味、变色。弹簧完好，储能正常。加热器（除潮器）正常完好，根据环境温度变化投（停）正确。

（18）在气候突变、负荷突增、设备出现隐患或缺陷时，应对 GIS 设备进行特殊巡视，增加巡视次数。雨雪天时检查罐体及接头处积雪是否迅速融化和发热冒气。在周围湿度增高、温度低于 0℃时，要打开控制柜内的电热器。天气或气温突变时，检查波纹管是否满足母线位移需要。冰雹过后，母线筒应无变形损坏。故障电流、短路电流过后，母线应无鼓肚、变形，盆式绝缘子应无变形。

（19）设备发生意外爆炸或严重漏气，值班人员接近设备要谨慎，对户外设备，尽量选择从上风接近设备，必要时要戴防毒面具、穿防护服。

4. GIS 设备的操作注意事项

（1）监控人员对 GIS 设备的远程操作仅限于断路器由“运行”转“热备用”和由“热备用”转“运行”。GIS 设备的隔离开关和接地开关操作由运维人员在变电站内完成，操作之前，应先确认相关设备气室的 SF_6 压力值均在额定范围内。

（2）操作 GIS 设备时，严禁人员触摸 GIS 外壳，防止操作过电压造成意外发生。

5. GIS设备的运行维护工作重点

(1) 由于GIS设备的结构特殊，日常维护工作量较小，只需要监视和抄录SF_6气体压力表的数值、监视GIS设备罐体外观异常、记录波纹管的伸缩数值等，以供分析判断。

(2) 对于GIS设备运行工作重点就是对气体的管理。在现场对GIS设备异声、温度监视和测量；对气室压力监视；对气室进行检漏；进行超声波检测；发现问题后就要采取一定的措施来进行防范。对运行中的GIS设备进行状态的监视，主要包括以下三个方面：

1) 异声判断：对异声的甄别，应定期采用听鸟器等设备对GIS设备每个部位进行侦听，判别设备气室内是否有异常声音。在检测局部放电引起的振动和判断局部放电时，可以用安装在GIS设备罐体外壁的振动加速度表测量到各种振动，并通过分析其成分，与正常振动相比较，从而发现GIS内部异常振动及音响，也可以用超声波进行检测。

2) 温升监测。当GIS内导体接触不良导致过热时，会通过SF_6气体分子的传导使邻近外壳出现温升异常现象，运维人员巡视检查时可以通过触摸、红外线成像仪等手段来判定、辨识外壳和架构等处温度是否异常，通过红外线测温仪或者红外线成像仪检测罐体表面温度分布，并与出厂试验值或气体温升值比较，来判定内部异常情况。

3) SF_6气体的监测。对运行的GIS设备SF_6气体的监测主要有气体压力监视和泄漏监测。气体压力监测是通过压力表/密度继电器监测SF_6气体的压力和密度。应定期巡视抄录表计数值，定期检校报警装置。每年要对压力整定值进行检验，检查触点及报警器是否完好，各导线连接有无松动等。

(3) 巡视防爆膜。对装有防爆膜的GIS设备进行巡视，主要为母线电压互感器，人员不得在防爆膜附近停留，以防防爆膜突然动作，释放出的气体对人身造成伤害。

(4) 泄漏检查。主要通过巡视时的监听和检漏仪检漏。对于GIS设备，其较为薄弱的部位，如波纹管的连接处、分隔各气室的盆式绝缘子、表计的安装处、各机构箱内部的传动轴密封处都是容易发生泄漏的地方，对其巡视需要人员认真检查和倾听。当发现某一压力表压力降低较大，需要对与该表计相关的部位进行漏气检查，主要采用检漏仪检漏，也可以用肥皂水法或者包扎法。

如运维人员巡视750kV设备区时，发现750kVⅠ母B相罐体上有一法兰连接处严重漏气，并伴有声音。用红外线热成像仪拍摄照片，漏气点上部形成蓝色的气雾。

（5）X射线数字成像裂纹检测。

1）GIS设备在运行一段时间以后，由于环境侵蚀、热胀冷缩等原因，设备罐体的焊缝处会出现裂纹。如果罐体本身焊接不良，焊缝处存在沙（砂）眼等缺陷、隐患时，焊缝处容易出现裂纹或开裂，导致罐体漏气。

2）对于这些肉眼不容易发现的裂纹等潜在隐患，可以用X光成像技术确定设备罐体有无裂纹、裂纹深度、长度，综合分析判断罐体健康水平和对设备、电网安全运行的影响程度。

3）在现场实际运用中，对GIS罐体、接头、焊缝裂纹的金属性故障和隐患的检测核定、定性、定位是通过X光成像技术和超声波局部放电检测技术分别检测，综合分析判断。

4）在GIS设备运行过程中，还可以用X射线数字成像仪检测运行中的GIS吸附剂罩材质及损坏情况，有些厂家的GIS吸附剂罩为铁质，有些厂家GIS吸附剂罩为塑料。在运行中塑料吸附剂罩风化损坏速度较快，容易造成设备短路故障，需要定期检测塑料吸附剂罩的完好性。

5）为判断GIS设备罐体是否存在裂纹，可使用渗透剂来检测。如果设备存在裂纹，敷于焊缝处的白色渗透剂会在裂纹处变红，红色线条的长度等于裂纹的长度。

6）对于GIS设备裂纹的判断，渗透剂可以定位裂纹存在，超声波可以定量裂纹深度。X射线对裂纹的定位、定量更准确。但由于GIS设备使用现场条件的限制，X射线检查设备不易安放。如GIS设备紧贴地面布置，支架焊缝一般在罐体底部，X射线检测设备无法安放，X射线不能直射裂纹，所以此检测方法受限。

图 2-20　GIS设备罐体裂纹图

如用渗透剂、超声波等多种方法确定GIS设备罐体支架出现裂纹，如图2-20所示。

（6）在伸缩节上加标尺，可以监视GIS设备因热胀冷缩产生的伸缩变化。运行中定期观察记录标尺显示的设备位移情况，以辅助判断设备健康状况。当发现有个别部位位移超过允许值，应及时进行停电处理。GIS温补伸缩节最大伸缩变化量为5mm，设计允许最大变化量为10mm，即指针在标尺上左右移动不能超过10mm，如图2-21所示。

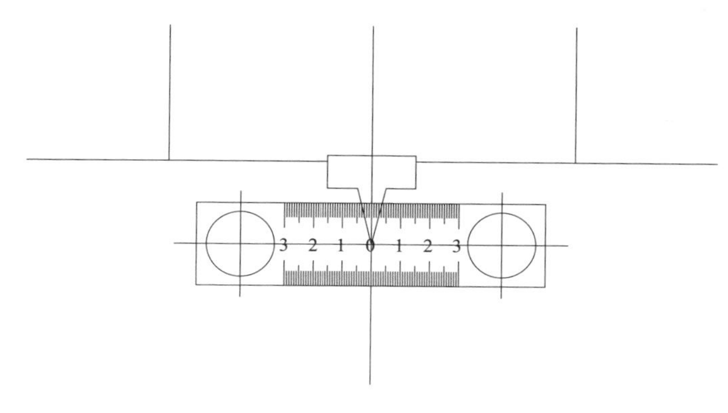

图2-21 伸缩节标尺

三、断路器及隔离开关运行维护

1. 断路器及隔离开关远程巡视

监控中心（班）对断路器及隔离开关远程巡视时，结合监控后台画面查看断路器及隔离开关的位置状态，断路器及操动机构的气压、油压、弹簧压力是否正常，断路器及隔离开关的瓷质部分有无损伤、放电等现象。特殊天气时，检查接头积雪是否立即融化，大风天气引线或绝缘子是否有异物，冰雹时设备有无外伤。气温突降时充油断路器油位是否正常，充气断路器压力是否正常。

2. 监控人员与运维人员联合巡视

根据监控人员提供的断路器及隔离开关异常信息，结合断路器和隔离开关在线检测系统检测到的异常数据和已经存在的缺陷，针对某一断路器或某一隔离开关进行重点检查、巡视。用在线手段检测，确认异常的存在，确认缺陷的性质。

3. 断路器及隔离开关日常巡视

（1）金属制件应能耐受氧化而不腐蚀。

（2）断路器中检查SF_6气体压力是否正常，液压操动机构有无渗漏油，气压机构压力是否正常，弹簧机构储能是否正常，分、合闸位置指示是否正确，断路器是否有不正常的噪声及其他异常现象，瓷套管有无破损和严重污秽，外部零部件是否生锈或损坏。

（3）隔离开关应巡视检查瓷质部分有无破损裂纹、放电痕迹或放电异常声音；隔离开关应接触良好，各连接点无发热变色现象。通过较大负荷电流时，需检查合闸状态的隔离开关接触良好，无弯曲、发热、变色等异常现象；均压环安装应牢固、平正。隔离开关传动连杆无弯曲、变形、开焊，销子无脱出，铁件无断裂、锈蚀现象，支架接地应良好。机构箱、端子箱箱门应关闭严密，箱内二次接线及端子连接良好，无锈蚀；加热器投退正确。闭锁装置正常，防误锁无生锈，闭锁可靠。标牌无脱落和丢失；基础无下沉、倾斜；隔离开关运行时应检查其位置指示与运行方式相一致。

4. 断路器及隔离开关的操作注意事项

（1）操作断路器之前，确保断路器本体及操动机构的油压、气压正常，弹簧储能良好。弹簧机构在储能过程中将闭锁合闸回路，在储能电机运转过程中严禁进行合分闸操作。SF_6、空气压力降低，达到闭锁值时闭锁断路器操作回路，断路器将不能正常操作。操作前应将“远方”“就地”转换开关切至适当的位置（运行时均采用“远方”方式）。

（2）断路器退出运行时，电源线路应考虑是否满足本变电站电源 N-1 方案。联络线路应考虑断路器断开后是否会引起本变电站电源线路过负荷。断路器检修时，必须拉开断路器交直流操作电源，弹簧机构应释放弹簧储能。拉开并列运行的线路断路器前，应考虑有关保护定值的调整，同时注意在拉开一条线路后，另一条线路是否会过负荷。断路器改为检修状态后，应停止相应的母差保护及断路器失灵保护回路（包括本断路器启动失灵以及跳其他断路器，其他保护动作跳本断路器的回路）；3/2 接线系统中的断路器还应投入位置停信压板或将断路器检修转换把手置“XX 开关检修”状态。3/2 接线系统中的断路器，在拉开中间断路器前，应检查两个边断路器带负荷正常；在拉开边断路器前，应检查中断路器带负荷正常。断路器检修后投入运行时，先检查安全措施已拆除，断路器分合闸位置指示正确。

（3）操作隔离开关时应先检查相应回路的断路器在断开位置，以防止带负荷拉、合隔离开关。线路停、送电时，必须按顺序拉合隔离开关。停电操作时，先断开断路器，再拉线路侧隔离开关，最后拉母线侧隔离开关，送电时相反。隔离开关操作时，应有值班员在现场逐相检查其分、合位置、同期情况、触头接触深度等项目，确保隔离开关动作正常，位置正确。如果闭锁装置失灵或隔离开关和接地开关不能正常操作时，必须严格按闭锁要求的条件，检查相应的断路器、隔离开关的位置状态，核对无误后才能解除闭锁进行操作。采用电动操作时，要注意机构箱中的“远方/就地”把手的位置。操作结束后，应检查隔离开关机械部分可靠闭锁，并锁好机构箱门。隔离开关的手动和电动操作之间应保证可靠闭锁。拉合线路高压电抗器隔离开关前，必须检查线路断路器确在断开位置，接地刀闸在分闸位置，线路确无电压。

(4) 带有线路隔离开关的3/2线路供电操作，应先破坏串运行，即断开中间断路器，再断开母线侧断路器，拉开靠线路侧两个隔离开关，拉开线路两侧接地开关，合上线路隔离开关，合上靠线路侧两个隔离开关，合上母线侧断路器对线路充电，正常后合上中间断路器。应考虑短引线保护的投退。

5. 断路器及隔离开关的运行维护工作重点

(1) 定期对断路器及隔离开关进行测温。

(2) 检查断路器及隔离开关二次回路接线有无松动，闭锁回路是否正常。

(3) 定期清除断路器和隔离开关构架下的鸟窝。

(4) 定期对机构箱、端子箱进行清扫。

(5) 定期对电动机电源开关进行检查（用万用表）。

(6) 定期对隔离开关机构箱、端子箱内的加热器进行检查并按照要求投退。

(7) 对断路器、隔离开关支柱绝缘子停电水冲洗。

(8) 隔离开关与构架之间的接地连接铜辫长度太短，在隔离开关置于合闸后位置时，铜辫过紧，对隔离开关有一个反方向的拉力，应更换较长的铜辫。

(9) 水平旋转开启的五柱式隔离开关运行中由于动触头是触指形状，在合闸时，由于各种原因容易造成最末一组触指不能与静触头相接触或者接触较少。遇有停电时，应及时调整触指。

(10) 罐式断路器冬季时底部空气罐容易结冰，要在巡视时放水。夏季时，罐式断路器基础较低时，机构容易受潮，二次线结水珠，应及时投入除凝露控制器。

(11) 定期检查油泵电机电压及保险情况，以免缺相烧坏电机。空气断路器储油罐及工作母管定期排污，空气压缩机定期换油及添油。

(12) 对 SF_6 气体回路定期检漏。

(13) 对WS-G封闭断路器（简称充气柜）经常检查压力是否正常。

（14）对断路器及空气管路系统的过滤器应定期清洗滤网，对空压机出口处的排污阀工作状态检查，并及时排污。

（15）运维人员定期检查断路器机构压力继电器的定值及动作可靠性。如果继电器弹簧乏力，应及时更换。监控运行中，若发现液压机构、气压机构等在运行中，未发“电机运转”或“油泵运转”信号，直接发“重合闸闭锁”“合闸闭锁”或“分闸闭锁”信号时，应立即通知运维站进入现场检查，根据断路器机构压力情况，手动建压。

四、电压互感器和电流互感器运行维护

1. 电压互感器和电流互感器的远程巡视

监控人员远程巡视电压互感器和电流互感器时，主要查看充油设备的油位是否正常，有无渗漏油现象。充气设备的压力是否正常。二次所接电流和电压回路有无异常信号，电压或电流指示是否正常。瓷质部分是否有裂纹、放电等异常现象。

2. 监控人员与运维人员联合巡视

监控运行中有电流或电压异常信号时，运维人员进入变电站，根据监控人员提供的异常信息，重点特殊检查巡视有异常的电压互感器和电流互感器。以排除异常或确认缺陷。

3. 电压互感器和电流互感器日常巡视维护

电压互感器和电流互感器正常巡视包括检查互感器一、二次保险及仪表指示应正常，一、二次接线紧固，接地良好，无锈蚀及损伤，二次线不得开路。套管及外壳应清洁无裂纹和放电痕迹、不渗漏油、油面正常、油色清晰。各部件桩头接线良好无发热现象，内部无异常响声，电压互感器的电压比误差和相角误差应合格。

4. 电压互感器和电流互感器的操作注意事项

（1）电压互感器停送电操作，会造成影响的二次设备包括阻抗保护、高频保护、方向保护、自动重合闸、故障录波器、备用电源自动投入装置、电能计量表计等。电压互感器操作可能会造成保护及自动装置误动、拒动、电能表计量不准确或不记录等诸多问题。

（2）没有隔离开关的电压互感器操作。

1）主变任一侧电压互感器要停运时主变必须退出运行，再断开电压互感器的二次所有小空气断路器。

2）线路电压互感器要停运时线路必须退出运行，再断开电压互感器的二次所有小空气断路器。

3）母线电压互感器要停运时母线必须退出运行，然后断开电压互感器的二次所有小空气断路器。

4）66kV 母线 CVT 经隔离开关与母线连接的接线方式，母线 CVT 的停电操作可直接由隔离开关进行。

（3）有隔离开关的电压互感器操作

1）停电时，先将电压互感器二次进行并列（防止所带保护及自动装置失电误动）。

2）当 CVT 本身有故障时，不允许用隔离开关直接操作，必须先用断路器断开电源后才能操作隔离开关。

（4）防止铁磁谐振过电压和操作过电压。在改变系统运行方式和倒闸操作中，严禁用有断口电容的断路器切合带有电磁式电压互感器的空母线。

（5）35kV 电压互感器高压保险必须使用合格的保险器，熔丝额定电流不得大于 0.5A，严禁使用低压熔丝或不合要求的熔件代替，低压总保险应用 3～5A 的熔丝。电压互感器二次回路严禁短路，二次侧要有可靠接地。电压互感器大修或二次回路工作后，必须核对相序，相序无误后，方可投入运行。

（6）电流互感器在运行过程中，其二次绕组必须与负荷连接或短路，严禁开路。电流互感器在大修后必须经核相，待核相正确后方可投入运行。330kV、110kV 母差用电流互感器检修过程若有二次接线变动，投运前应先退出母差保护，待做完六角图后方可投入母差保护。主变差动用电流互感器检修过程若有二次接线变动，主变充电时投入差动保护，充电后退出，待做完六角图后方可投入差动保护。

（7）当电流互感器二次绕组或回路发生开路时，将伴随有 TA 异常声响。此时，应判断是测量回路还是保护回路的故障，并在故障点之前的回路中进行短接处理；若不能处理，应立即申请调度停电处理。

五、电容器、电缆、避雷器运行维护

1. 电容器、电缆、避雷器远程巡视

监控人员根据系统无功及电压变化，AVC 系统自动投切或调控员远方投切电容器，操作完毕后电容器应及时进行远程巡视，检查电容器应无鼓肚、放电等异常现象，无过负荷现象。监控人员应远程巡视电缆无过负荷，电缆头无

漏油、漏胶现象。避雷器远程巡视应检查其是否动作过，泄漏电流应无异常。

2. 电容器、电缆、避雷器巡视维护

（1）电缆的正常巡视项目：电缆头有无渗油、渗胶、放电、发热等现象。电缆头接地必须良好，无松动、断股和锈蚀现象，无发热现象；电缆头绝缘子应清洁完整；引出线的连接线夹应紧固；电缆支架必须牢固，无松动和锈蚀现象，接地应良好。电缆沟地基无下陷、无积水。

（2）电容器组巡视检查项目如下：

1）外壳无鼓肚、喷油、渗油等现象；

2）电容器是否过热（试温蜡片是否熔化）；

3）套管和支持绝缘子是否清完整，有无裂纹、松动和放电痕迹；

4）电容器内部有无噪声，外部有无放电痕迹；

5）电气连接部分有无松动、脱落或断线，有无发热变色现象；

6）接地连接是否牢固；

7）检查电流表、电压表的指示，应在规定范围；

8）每台电容器熔丝保护是否完好；

9）检查附属设备正常，如断路器、隔离开关、串联电抗器、电流互感器、放电绕组继电保护装置的运行监督；

10）母线无电压后，应将电容器组断路器断开；

11）带额定电压的电容器组，禁止带负荷合闸，电容器组断路器跳闸后重新合闸时，其间隔时间不小于 5min；

12）避雷器的均压环、接地装置连接完好。避雷器本体有无倾斜等现象、接地引下线有无锈蚀，各连接部分连接应紧密牢固，无接触不良或脱焊现象，避雷器保护范围应满足设计要求，接地装置每三年测量一次接地电阻，并分别检测设备外壳和构架接地引下线的接地电阻，以便判断设备接地引下线有无断开或锈蚀现象，接地电阻不合格时，应挖开土层进行检查处理。

第七节　无人值守变电站二次设备运行维护

一、二次设备运行维护基本原则

1. 二次设备远程巡视

监控人员远程巡视二次设备包括硬压板软压板状态、切换开关、小空气断路器（小空开）、二次保险、监控后台机保护信息、保护装置运行及告警灯是否正常等。

2. 监控人员与运维人员联合巡视二次设备

监控人员与运维人员联合巡视二次设备时，应确认不能自动复归的装置告警信息和启动信息，检查不能远方上招的保护定值，保护信息子站的全部信息。确认监控到的其他保护信息，确认软压板、硬压板、小空气断路器位置的正确性。核对站内所有遥测量、遥信量的准确性。

3. 二次设备日常巡视维护

1）检查保护装置运行监视灯运行时应亮，压板投退正常；

2）检查继电器无发热抖动现象；

3）装置电源灯正常时亮；

4）信号灯指示正确且完好；

5）二次切换开关切换良好；

6）二次端子排接线牢固无发热、脱落、短路现象；

7）电流端子无开路现象；

8）保护出口连接片按规定投退正确；

9）直流控制小开关无发热；

10）开关红绿灯指示与开关实际位置相符；

11）电源灯运行时应亮；

12）跳闸出口指示正常时全部为灭；

13）装置显示信息与实际值相符；

14）电度表转动正常，无停转、反转现象；

15）防误锁完好；

16）变压器有载调压挡位指示与实际设备、监控主机一致；

17）核实直流回路各级小开关配置正确且符合要求，容量满足需要；

18）检查蓄电池浮充电流大小在规定范围内；

19）母差保护、测控装置隔离开关位置监视灯指示正确，应与一次设备相符。

4. 重点巡视

二次保护装置巡视时，应按照各个保护装置的特点进行有重点的巡视检查。为更简洁明了、高效地巡视设备，对每个保护装置制作一张巡视卡更好。举例见表 2-7。

表 2-7　　　　　　　　　　保护装置巡视卡

<table>
<tr><td colspan="3">5P　330kV 龙源Ⅱ回 RCS902 纵联距离保护柜</td></tr>
<tr><td rowspan="3">RCS-902</td><td>正常状态</td><td>1）正常运行时装置运行状态指示灯常亮，保护启动时指示灯闪烁，装置故障时指示灯熄灭；
2）包括电压、电流、当前定值区或循环显示装置自检信息</td></tr>
<tr><td>异常状态</td><td>1）TV 断线灯亮，说明装置 TV 断线；
2）通道异常灯亮，说明通道故障或无对侧数据；
3）液晶屏无显示或数据无变化，说明装置死机；
4）液晶屏无显示或所有灯都熄灭，说明装置失电；
5）运行灯不亮，说明装置内部故障退出运行</td></tr>
<tr><td>事故状态</td><td>1）跳闸灯亮；
2）重合闸灯亮（单相故障时）；
3）动作相跳位灯亮（A/B/C）；
4）液晶屏显示非正常电气量、保护动作报告</td></tr>
<tr><td rowspan="3">PCS-912</td><td>正常状态</td><td>正常、监频灯亮；报警、起信、收信、停信 1、停信 2、停信 3、3dB 告警、收信启动、+6dB、+9dB、+12dB、+15dB、+18dB、+21dB 灯灭</td></tr>
<tr><td>异常状态</td><td>报警灯亮，正常灯灭；3dB 告警灯亮</td></tr>
<tr><td>事故状态</td><td>报警灯亮、监频灯闪烁或者熄灭</td></tr>
<tr><td rowspan="2">调取、打印事故报告步骤</td><td colspan="2">1）按“∧”键进入菜单选择；
2）按“∧”或“∨”键选择“打印报告”并按“确认”键进入打印菜单；
3）按“∧”或“∨”选择“定值清单”；
4）按“确认”键即可打印；
5）打印完毕，按“∧”或“∨”键选择“退出”逐级退出到正常显示界面</td></tr>
<tr><td colspan="2">1）按“∧”键进入菜单选择；
2）按“∧”或“∨”键选择“打印报告”并按“确认”键进入打印菜单；
3）按“∧”或“∨”选择“动作报告”并按“确认”键进入打印选项；</td></tr>
</table>

续表

5P　330kV 龙源Ⅱ回 RCS902 纵联距离保护柜	
调取、打印事故报告步骤	4）按“＋”或“－”选择打印报告序号； 5）按“确认”键即可打印； 6）打印完毕，按“∧”或“∨”键选择“退出”逐级退出到正常显示界面
备　注	1）“定值管理”五个子菜单中“定值修改”“控制字”和“压板状态”运行人员禁止操作； 2）装置运行中严禁进行开关传动、修改定值、固化定值、设置运行（遥控）CPU 数目、设置本装置在通信网中的地址等操作； 3）异常、事故情况下按相关流程汇报处理

5. 二次设备的操作注意事项

（1）变电站保护装置的操作原则是投退运行中的保护装置时，退时必须先退出保护出口连接片，再断开装置直流电源。投入保护装置时，先恢复保护装置直流电源后，应确认保护装置工作正常，再投入保护连接片。必要时检查保护出口连接片两端确无电压方可投入连接片。当保护装置没有工作时，保护装置只退连接片，不断开装置电源。

（2）采用 3/2 接线，且设变压器或线路 6 隔离开关的接线方式，当某串中一条线路或主变停运后需恢复串运行时，则 6 隔离开关将断开，此时保护用电压互感器也停用，线路主保护停用，在 6 隔离开关至边断路器和中断路器之间的设备故障时，将没有快速保护切除故障，为此设置了短引线纵联差动保护。当 6 隔离开关恢复运行时，必须将该短引线保护停用。短引线保护的投入和退出，一般可由线路侧隔离开关的辅助触点控制，也可以采用通过硬压板的方式控制。

（3）重合闸的操作顺序：投入时，先切换方式开关，再投重合闸出口连接片，退出时操作与之相反。重合闸的投退应根据值班调度的指令或一次设备的状态进行调整，重合闸操作的对象包括重合闸连接片、重合闸方式切换开关、重合闸电源开关等。其中连接片包括重合闸出口连接片、重合闸投入或闭锁重合闸连接片、重合闸长延时和短延时连接片或投先重连接片、重合闸放电连接片等。新型保护装置会自动判断回路开入量，决定重合闸是否先重合，不需要手动投退“投先重”保护连接片。

（4）重合闸沟通三跳连接片的操作：由于 330kV、750kV 3/2 接线方式下，线路重合闸采用了按断路器配置的原则，投单重方式，当线路单相故障向两台断路器发出单相跳闸命令，而因某种原因使其中一台断路器的重合闸装置不能实现重合时，断路器单跳可能会造成长期非全相运行，此时应沟通该断路器的三相跳闸回路使其三相跳闸，且不再重合。由于断路器重合闸输出沟通三跳命令时，只向本断路器输出三跳命令，而没有将沟通三跳接点引至线路保护装置，所以不影响另一台断路器的重合闸动作，提高了线路运行的可靠性。在现场的实际设备上，各厂家生产的保护装置中“沟三跳连接片”的含义不一致，运行人员应在保护调试时掌握其实际功能和操作后的作用。

（5）远跳保护的投退操作时应注意：线路高频保护或光纤纵差保护因故退出运行时，与线路保护相配合的远跳装置也应退出运行；通道检修后或高频保护、远方跳闸装置检修后，装置投入前应交换信号一次，装置及通道正常，才能将装置投入；线路运行中，纵联保护需要退出时，该线路也应同时停运。线路任一侧远跳装置因故全部停运或两个远跳通道同时停运时该线路也应同时停运；当线路或线路高压并联电抗器无论何种原因退出运行时，线路的远跳保护都应全部退出运行；两套远跳保护可以根据需要分别单独进行投退操作，不影响主保护的运行。

（6）断路器失灵保护的操作。凡是断路器装设有失灵保护装置的，正常运行时都应将失灵保护装置投入运行；当断路器保护回路有工作时，应断开该断路器保护柜上失灵保护的启动、跳闸回路连接片，包括失灵跳本断路器和相邻断路器的连接片、失灵启动母差的连接片、失灵启动远跳的连接片、失灵启动保护停信的连接片、线路保护柜的失灵启动连接片等，断开断路器保护柜的装置交直流电源；与母差保护共用出口回路的失灵保护装置，当母差保护停用时，失灵保护也应停用。

6. 二次设备维护注意事项

正常运行时，装置面板上“运行监视”灯应亮，表示 MMI 人机对话接口正常，其他灯应灭。如果“运行监视”灯不亮，表明接口板发生了故障，要立即上报处理；运行中修改定值时，应先断开跳闸出口连接片，修改完毕，经核查无误，再重新投入跳闸连接片；正常时，不得随意修改定值；装置有故障或需将保护全停时，应先退出出口连接片，在断开直流电源开关。装置出现告警Ⅰ信号时，表示保护的出口＋24V 电源已闭锁，应立即通知调度和分部，由专业人员紧急处理；面板设上有三个灯，即“运行监视”“告警Ⅰ”“告警Ⅱ”等监视装置运行的信号灯，正常时，“运行监视”灯发平光，“告警Ⅰ”“告警Ⅱ”

均不亮；装置异常时应采取相应措施。

二、UPS 电源运行维护

UPS 是交流不停电电源的简称。UPS 的作用是在正常、异常和供电中断事故情况下，均能向变电站内各保护小室电能表计、工业电视系统、火灾报警系统、数据处理及通信装置、调度数据网系统、信息管理系统、监控网络系统、电能计费系统、五防系统、工程师工作站、监控通信调度台、公用系统等提供安全、可靠、稳定、不间断、不受倒闸操作影响的交流电源。当变电站的所用交流系统失电后，变电站两组蓄电池可以通过 UPS 将蓄电池的直流电转换成交流电。

运行中监控人员应严格监视 UPS 的运行状况，确保 UPS 的输入、输出回路正常，无过压及欠压、故障等异常信息。UPS 的运行灯应正常。

运维人员在巡视 UPS 设备时，检查 UPS 的两路输入电源可自动切换。装置所有电源灯、运行灯均正常。装置上的所有空气断路器、熔断器均正常。

三、同步时钟运行维护

1. 同步时钟系统

GPS 卫星同步时钟是接收时间信号的装置，它接收 GPS 卫星发送的协调世界时间（UTC）信号作为外部时间基准信号。正常情况下，两台主时钟的时间信号接收单元独立接收 GPS 卫星发送的时间基准信号。当某一主时钟的时间信号接收单元发生故障时，该主时钟能自动切换到另一台主时钟的时间信号接收单元接收到的时间基准信号，实现时间基准信号互为备用。

当主时钟接收到外部时间基准信号时，被外部时间基准信号同步。接收不到外部时间基准信号时，保持一定的走时准确度，使主时钟输出的时间同步信号仍能保持一定的准确度。

变电站时间同步系统配置的 GPS 卫星同步时钟，用于实现变电站内计算机监控系统、继电保护装置及故障录波器等设备的时间同步，提供满足这些设备需要的各种时间同步信号。

变电站 GPS 系统，在主控楼计算机室安装一面主时钟机柜，或根据需要在其他保护小室安装适量的主时钟机柜，至少有两台主时钟接收的时间基准信号通过光缆实现互连，互为备用。

由主时钟定时向扩展时钟发出脉冲校时信号，扩展时钟接收到主时钟信息后自动调整时间，保证电力系统采样同步性和事故记忆时间一致性。

在智能变电站，为了保障智能系统的每一个单元时间一致，一般设置三套同步时钟系统。

2. 同步时钟运行维护

（1）正常运行中，应监视 GPS 时间系统无异常信号。巡视维护 GPS 系统时应检查其主副时钟机柜运行正常，信号传输系统正常。两台主时钟切换正常，不影响扩展时钟的正常运行。

（2）检查主副时钟时间一致，检查保护装置的时间与同步时钟时间一致。

（3）保护装置时间与同步时钟时间相异时，应立即检查对时系统通信是否良好，及时处理故障元件。

四、同步向量测量装置运行维护

1. 相量测量装置作用

相量测量装置是用于进行同步相量的测量和输出以及进行动态记录的装置。为加强电力系统调度中心对电力系统的动态稳定监测和分析能力而研制出的电网动态安全监测系统，叫作同步相量测量装置。电力系统实时动态监测系统是基于同步相量测量以及现代通信技术，对地域广阔的电力系统动态过程进行监测和分析的系统。动态实时监测系统同时也叫广域测量系统。负责记录并向中调 WAMS 主站调度汇报同步相量测量装置的信号指示及故障情况。

2. 相量测量装置组成

同步相量测量装置包括子站和主站。子站是安装在同一发电厂或变电站的相量测量装置和数据集中器的集合；主站是安装在电力调度中心，用于接收、管理、存储、分析、告警、决策和转发动态数据的计算机系统。一个子站可以同时向多个主站传送测量数据。

3. 运行维护

（1）运维人员对安装在变电站内的同步相量测量装置，应检查其不具备出口跳闸功能，检查装置运行状态是否正常，根据采用数据协助诊断故障点。

（2）当运维人员发现装置有告警信号开出时，应检查各装置指示灯状态是否正常，并到显示器监测界面上进一步查找故障信息。按下屏上的“复归”按钮将收回自保持告警接点。在显示器的监测界面上观察各线路、变压器、发电机的一次侧电压、电流、功率是否与现场实际值一致。

五、电量采集计费系统运行维护

变电站无人值守后，站内输入输出电量都将通过电量采集系统进行远程采集。变电站电量计费系统具有电量采集、处理、传送等功能，保证电量数据采集、存储的及时性、连续性、准确性、可靠性及唯一性，在任何情况下不丢失数据。

（1）运维人员检查采集装置与电能表的通信、变电站监控系统之间的通信正常，不得对电度表、电能计费小主站的参数进行设置、更改。定期核对监控后台与现场电度表的数据是否一致，自动生成的电量报表是否准确，变电站电量不平衡率是否在合理误差范围内。当变电站电量报表显示电量不平衡率超过2%时，应及时汇报上级领导及相关调度部门，查明原因。遇有电能计费系统软、硬件故障，通信中断，应立即汇报相关单位并及时通知专业人员进行处理。

（2）检查电量采集计费系统在失压情况下可准确记录失压时间并进行报警。报警信号可以上送至主控室后台机，提示运行人员及时处理故障，防止电量丢失。运维人员应巡视维护失压计时器运行正常。

六、故障录波器运行维护

220kV及以上变电站普遍使用的微机保护都有故障记录功能。但在变电站仍然配置一定数量的故障录波器，主要是为确保故障测距的准确性，实现故障记录的全面性、及时性，以便于事故分析判断处理。根据变压器和线路的数量以及在系统中的重要性，考虑故障录波器的配置数量。大型变压器每台配置一套故障录波器，两条重要线路配置一套故障录波器，或根据需要每个保护小室配置一台故障录波器。本小节介绍几种常用故障录波器的运行巡视及维护方法。

1. SH2000C型故障录波器

（1）SH2000C型录波器日常巡视检查和维护。

1）查看运行日记。查看主界面上运行记录栏，从当日录波器运行情况中观察录波器工作是否正常。

2）查看通信端口状态。观察主界面右上方“通信状态”区显示的通信端口工作是否按设置运行。

3）查看采集板状态。观察主界面左上方“采集板状态区”信号灯情况，判断采集板工作是否正常。

4）观察录波器状态灯。启动指示灯亮，表明前置机启动状态；告警指示灯亮表示装置故障；运行指示灯闪烁表示前台机处于运行状态。

（2）常见异常情况处理见表2-8。

表 2-8　　　　**SH2000C 型录波器常见异常及处理**

问题	可能原因	解决方法
频繁启动录波	定值设置过小	手动停止录波后，重新计算定值，并输入装置
录波文件无法打开	复合录波数据 SHW 文件丢失或定值数据不全	在 c:\sh2000\SRC 文件夹中双击对应同名原始录波数据文件，系统将自动生成并打开 SHW 录波文件
	录波文件太大，在转换数据时，看门狗电路会启动，无法生成 SHW 文件	将数据备份到后台主机上，用离线分析软件 DLF2000 打开分析
	系统参数设置不当	重新创建定值文件
前后台连接失败，不能录波	连接前置机和后台计算机的连接线损坏，或插头松动	检查线路线和插头
	MONITOR 板没有连接上	单击“MONITOR 板连接”
键盘和鼠标输入无效	键盘自动上锁	键盘解锁。连续单击键盘上“Ctrl”“Alt”“S”“H”“2”“0”“0”“0”按键
键盘解锁无法操作	键盘解锁时没有输入正确的字母或数字	关闭［NUMLOCK］键功能
在 WINDOWS 安全模式不能运行	在安全模式下很多驱动程序不能运行	重新启动后台计算机，退出安全模式后再运行
GPS 信号消失	GPS 天线位置不正确，接受不到卫星信号	检查站内 GPS 对时系统和本机接收系统运行情况
	GPS 运行不正常	
MODEM 不响应	MODEM 没有通电	检查并正确连接 MODEM
	没有外接 MODEM	
	MODEM 连接介质损坏	
	上次通信没有断开	MODEM 复位或等待 3min

（3）维护注意事项如下：

1）不能随意升级操作系统；

2）不能在后台计算机内装入其他与录波器运行无关的文件或执行说明书没有的操作；

3）设备清扫时注意不能造成背面连线脱落或断线；

4）装置出现异常，在采用上表所列解决方法处理无效时，应及时通知专业技术人员，不得擅自盲目处理；

5）工作完毕应将设备屏柜门锁上。

表 2-9　　　　SH2000C 型故障录波器运行状态判断及常用操作方法

<table>
<tr><td colspan="3">23P　330kV　SH2000C 型故障录波测控柜</td></tr>
<tr><td rowspan="3">SH2000C</td><td>正常状态</td><td>运行灯亮</td></tr>
<tr><td>异常状态</td><td>告警灯亮</td></tr>
<tr><td>事故状态</td><td>启动灯亮</td></tr>
<tr><td>调取、打印事故报告步骤</td><td colspan="2">（1）最近 20 个录波文件：主界面右下方显示最近 20 个复合录波数据文件。可以直接从启动录波的时间和（或）启动原因中查找要分析的录波文件。双击选定的文件名，即可打开该文件，进入“波形分析”窗口。
（2）文件夹中查找：在文件夹中选择和打开录波文件，进入“波形分析”窗口。操作路径有二条：①主界面→“分析计算”→“波形分析”→“文件”→“打开”；②主界面→“分析计算”→“波形分析”，弹出“打开”对话框：可在“查找范围”中选择文件夹，“文件类型”中选择录波文件类型，该文件夹中的全部文件显示在中央框中。
（3）按启动录波时间搜索。
按日期时间搜索文件
操作步骤：
第一步：单击“日期时间”前圆圈出现小黑圆；
第二步：输入录波启动时间范围的“起始时间”和“结束时间”对应的月、日、时、分钟；
第三步：单击“文件搜索”按钮；符合设定条件的录波文件全部显示在“搜索结果”列表中；
第四步：单击“搜索结果”列表中要分析的录波文件；
第五步：单击“文件打开”按钮，打开录波文件，进入“波形分析”窗口</td></tr>
<tr><td>备　注</td><td colspan="2">键盘解锁。连续单击键盘上“Ctrl”“Alt”“S”“H”“2”“0”“0”“0”按键</td></tr>
</table>

2. FH-3000 电力故障录波监测装置

（1）FH-3000 电力故障录波监测装置适用于 110kV 及以上的变电站、发电厂及其他各种需要暂态录波和长时间稳态记录的场所。

（2）指示灯。“运行”“录波”指示灯分别指示了录波装置的工作状态，绿灯表示正常运行，“运行”红灯表示程序处于暂停状态、“录波”红灯表示有启动录波发生。

（3）文件列表罗列了最新的 50 个文件（包括文件名、故障类型、启动原因等），最新的文件自动列于窗口的最顶端，双击文件，可用波形分析程序打开该行显示的录波文件进行分析，也可以单击鼠标右键在弹出的子菜单中选择“数据分析”一项打开该录波文件进行分析。另外，单击鼠标右键，在弹出的子菜单中选择“故障报告”一项，则弹出故障报告对话框，详细给出突变次数、故障时刻、故障线路、故障类型、测距以及开关变位等信息。再用鼠标双击该对话框中的列表项，可进一步查看故障的详细情况。对这些故障的详细信息可以点击“打印”按钮预览打印的内容，并进行打印。

3. SL-3000FD 型微机故障监测录波装置

（1）SL-3000FD 型微机故障监测录波装置是专门针对电力系统发电机-主变压器组在线监测、故障录波与综合分析的特殊要求而设计的一种动态记录装置。适用于电厂发电机-主变压器组以及变电所主变压器的故障录波、实时监测与综合分析。

（2）指示灯。

1）电源指示灯指示系统电源是否正常。电源工作时，灯常亮；当系统失电时，电源指示灯灭，同时将电源失电信号输出。

2）前台机指示灯。每块前台机的前面板上都安装有三个指示灯，分别为采样、读数、送数。采样灯闪烁表示前台机工作正常，送数、读数灯闪烁表示主机与前台机数据交换正常。

3）录波指示灯。时钟接口卡前面板上安装有录波指示灯。正常情况下该指示灯不亮。如有录波发生时，该指示灯将点亮，并一直维持到录波结束后自动熄灭。同时后台计算机显示屏上还有一个模拟录波指示灯，功能相同，同时还有录波信号输出。

4）故障指示灯。后台计算机显示屏上有反映前台机工作状态的虚拟故障指示灯，每个虚拟指示灯对应一个前台机。正常情况下指示灯不亮，灯亮表示装置故障。这时同时有故障信号输出。

5）GPS 指示灯。后台计算机显示屏上还有一个 GPS 状态虚拟指示灯。灯不亮表示系统未接 GPS 卫星时钟，该时钟未通电或工作不正常。

（3）数据显示及报告调取操作。

1）波形显示。窗口的最右边有一列选择框，用以控制某波形或其谐波分量对应的波形及频谱是否显示；当选中某个量时，该量对应之波形及其频谱将显示在左边的波形与频谱显示窗口中。频谱显示区域左下角的“功率谱/幅度谱”按钮用于切换功率谱和幅度谱显示。

2）通道选择。通过窗口右下方的CH（通道）选择下拉菜单，用户可以选择7条曲线中的任意一条进行谐波分析；这7条曲线是：三相电压及三角形开口电压（U_{xa}、U_{xb}、U_{xc}、U_{xo}）、三相电流及中线电流（I_{xa}、I_{xb}、I_{xc}、I_{xo}）以及参考电压（U_{rf}）。

3）分析数据控制。修改窗口底部的“起点”和“周期”，可以控制被分析对象的开始时刻和分析长度。

4）切换线路。操作窗口底部的下拉列表框，可以切换到不同的线路进行分析。

5）计算按钮。启动谐波分析计算。每按一次此按钮，则启动一次谐波分析计算；并刷新图形及数据显示。通常界面上的参数修改之后，都要进行计算。

返回按钮：操作此按钮将关闭谐波分析窗口。

4. ST-502型故障录波器

（1）ST-502型电力系统故障录波装置实现了线路、机组、变压器等运行状态的在线检测、电气实验的记录，故障暂态录波、全速稳态录波，同时包括线路故障行波测距等。

（2）文件。鼠标左键单击主界面“文件”菜单，单击“打开”选项，或直接单击工具栏上（图标）快捷键，则弹出“打开故障录波数据文件”对话框。用鼠标选中要打开的录波数据文件，单击“打开”按钮，就打开数据文件，显示其波形。

（3）故障报告分析。进入分析窗口，单击“分析”，然后单击“故障报告分析”，则输出分析结果。装置可以进行手动设置测距区间、指定线路分析、选择单端测距算法、功角分析、差流分析、机端测量阻抗分析、功率分析、过激磁分析、谐波数据分析、谐波曲线分析、对称分量分析、阻抗分析、频率分析等专项分析，全面显示故障前后各参数变化情况。

第三章

无人值守变电站异常及故障处理

第一节　应急处置管理

无人值守变电站由于没有运行值班人员，在正常运行中必须建立应急抢修队伍，可在发生电网、设备紧急事故和自然灾害时进行及时有效处置。确保主电网、主设备免受损失或少受损害，给电力用户正常安全供电。运维站人员是无人值守变电站事故抢修的第一责任人。

一、应急处置

（1）运维单位应针对重大人身伤亡、电网大面积停电、电力设施大范围受损、重要用户停电和自然灾害等突发事件制定相关应急预案。运维站应严格执行上级应急预案，并对所辖变电站建立实际故障响应管理制度，充分考虑雨雪等恶劣天气、交通拥堵、工作准备等综合要素，实测从运维站到达所辖各变电站的时间，结合故障响应及时率指标，合理制定故障响应时间。

（2）省检修公司、地市公司应制定所辖无人值守变电站现场应急处置方案，按照保证人身、电网和设备安全的优先原则进行编制，在详细分析现场风险和危险源的基础上，对典型的突发事件，明确处置措施和主要流程。

（3）管辖无人值守变电站的运维站根据上级有关生产部门制定的现场应急处置方案，结合本运维站和无人值守变电站实际，分解应用上级预案，制定本运维站具体应急预案和实施方案、措施。运维站的现场应急预案需经主管部门审核，由本单位分管领导签署发布，至少每 3 年进行 1 次全面修订及审核发布，如电网、设备或运行方式有重大变动和调整时，应及时修订及审核发布新的应急预案。

（4）运维站应结合实际工作，至少每半年组织开展 1 次现场处置方案的培训和演练，并做好相关记录，提高突发情况下的应急处置能力。

（5）所有运维人员应熟悉本单位的应急预案和现场处置方案，能够按照流程正确应对紧急状况，熟悉所辖无人值守变电站事故应急预案。

二、抢修准备工作

运维单位要根据实际情况编制切实可行的故障抢修预案，针对特高压交流变电站和直流设备故障，制定现场故障抢修专项预案。

1. 日常抢修准备

（1）制定抢修预案，明确抢修人员、职责分工、抢修流程。

（2）按照故障级别、设备所属单位，明确参与抢修的相关生产单位、技术支持单位、设备厂家相关专业人员及联系方式。

（3）应急物资、专用工器具及备品备件的数量及存放位置。

（4）对应急人员进行故障抢修内容方法培训。

（5）典型故障抢修步骤。

2. 季节性事故抢修准备

（1）每年迎峰度夏前补全故障抢修物资，同时做好储备物资的日常维护、保养工作。

（2）在每年迎峰度夏和迎峰度冬前各组织开展一次由运维单位、故障抢修单位、技术支持单位、设备厂家参加的联合抢修演习。

（3）对应急人员进行故障抢修内容及方法培训。

（4）每年汛期来临之前，运维站制定防汛事故预案，进行防汛演练。检查维护防汛设备，补充防汛物资。

三、故障分类

无人值守变电站运维人员应与相关各级调度、监控部门定期开展应急保障演练工作。

故障抢修指交流变电站和直流换流站设备发生故障或导致非计划停运的危急缺陷后，为消除设备故障和缺陷、恢复正常状态所实施的行为。

故障抢修管理遵循“分级组织，分层管理”的原则。

各级运检部门应建立完善抢修预案和流程，建立常备的抢修队伍，编制抢修队员信息表，并根据人员变动情况及时进行更新调整。各运维站应有应急抢修人员和应急值班人员，保证24h有人值班，24h应急值班通信畅通。

根据设备故障对电网影响程度、设备损坏情况和抢修过程复杂程度，将

35kV 及以上交流变电站及直流换流站设备故障分为四类。

（1）一类故障：1000kV 主设备故障跳闸；330kV 及以上变电站全停；330kV 及以上主设备发生严重损毁；高压直流输电系统双极（双单元）强迫停运。

（2）二类故障：330～750kV 主设备故障跳闸；110～220kV 变电站全停；220kV 主设备发生严重损毁；高压直流输电系统单极（单阀组、单单元）强迫停运、被迫降压或降功率运行；直流换流站两回站用电停运。

（3）三类故障：220kV 主设备故障跳闸；35～66kV 变电站全停；66～110kV 主设备发生严重损毁；直流换流站单套控制保护系统或单套阀冷却系统退出运行。

（4）四类故障：110kV 及以下交流主设备故障跳闸；35kV 主设备发生严重损毁。

四、故障抢修流程

（1）无人值守变电站故障发生后，监控值班人员立即电话通知相关调度及运维站。

（2）监控人员在调度的统一指挥下进行远程事故处理，隔离故障设备，限制事故发展。

（3）运维站接到监控人员的故障通知后，根据故障性质，组织足够的运维人员赶赴现场检查处理故障。

（4）运维人员到达现场后，电话通知监控人员，移交故障处理权限。根据现场检查情况，立即将故障发生时间、地点、保护动作情况、负荷损失情况等汇报调度及上级管理部门。

（5）运维分部（或工区）将故障简要情况汇报省检修公司（包括发生时间、地点、保护动作情况、负荷损失情况等），同时以短信形式上报省公司运检部及国网运检部。

（6）省公司立即启动故障抢修预案，协调组织故障抢修单位、相关电科院、设备厂家到达现场。

（7）国网运检部根据情况赴现场督查，协调物资部门提供抢修物资。协调建设部门提供工程质保期内的故障抢修。组织国网状态评价中心等单位提供技术支持，派出公司级专家组。

（8）省公司组织运维单位、相关电科院、设备厂家成立故障抢修小组，负责编制故障抢修方案，组织进行故障抢修。

（9）故障抢修时，应严格执行故障抢修方案，确保关键工序执行到位，在抢修结束后做好有关工作的原始记录。抢修过程中可视情况设置专职安全监督人员，避免安全事故发生和故障范围扩大。

（10）省公司在5.5h内按照规定流程将故障详细情况，包括故障经过、现场检查情况、初步原因分析、建议处理方案等，以快报形式报送国网运检部。

（11）故障抢修工作结束后1h内，省公司将处理情况电话报告国网运检部。若事态未得到控制，应及时汇报国网运检部请求支援。

（12）运维单位在故障处理结束后，应针对设备受损情况报告保险公司，并提供有关影像、分析报告、资产卡片等资料，以减少公司损失。

不同类型的故障，上报单位与参与处理的单位不同，处理和汇报流程基本一致。

五、配网故障抢修

配网故障抢修指公司产权配网设备故障研判、故障巡查、故障隔离、许可工作、现场抢修、汇报结果（停送电申请和操作）、恢复送电等工作。这里主要阐述三集五大模式下的配网故障抢修的相关单位职责和工作流程。

配网故障抢修管理遵循“安全第一、快速响应、综合协同、优质服务”的原则。

“安全第一”指强化抢修关键环节风险管控，按照标准化作业要求，确保作业人员安全及抢修质量。

“快速响应”指加强配网故障抢修的过程管控，满足抢修服务承诺时限要求，确保抢修工作高效完成。

“综合协同”指各专业（保障机构）工作协调配合，建立配网故障抢修协同机制，实现“五个一”（一个用户报修、一张服务工单、一支抢修队伍、一次到达现场、一次完成故障处理）标准化抢修要求。

“优质服务”指抢修服务规范，社会满意度高，品牌形象优良。

1. 地市供电企业调控中心故障抢修主要职责

（1）市供电企业调控中心是本单位配网故障抢修指挥的归口管理部门。

（2）负责本单位配网调控范围内设备运行控制、操作许可、接受95598抢修类工单、故障研判分析、工单合并、通知抢修队伍进行故障巡查、开展抢修指挥及统计分析等工作。

（3）负责在系统中及时填写到达时间、故障原因、停电范围、停电区域、预计恢复时间、实际恢复送电时间等故障信息并完成流转。

（4）负责做好本单位本专业管理范围内故障抢修信息及生产类停送电信息编译工作，汇总报送本单位故障抢修信息及生产类停送电信息。

（5）负责在本单位抢修第一梯队无法完成故障现场抢修的情况下及时启动第二梯队投入抢修。

（6）负责对本单位故障抢修指挥和抢修效率的监督、检查和考核。

2. 地市供电企业营销部（客户中心）故障抢修主要职责

（1）负责对现场抢修计量装置进行加封及电费追补等后续工作。负责用户信息录入和维护工作。

（2）负责督促、协助、指导本单位服务区域客户设备故障抢修工作。

（3）配合开展本单位协同抢修的其他相关工作。

（4）负责本单位服务区域客户设备、计量装置故障的统计分析。

（5）负责 95598 抢修类工单督办与考核。

3. 县供电企业运检部［检修（建设）工区］故障抢修主要职责

（1）负责组织开展、实施配网设备（表箱前）故障抢修。负责接收调控中心下发的抢修工单，第一时间赶赴现场进行抢修。

（2）负责本单位非人为低压表计故障（不含欠费、窃电类情况）换表复电，并与客户确认所换故障表示数。

（3）组织开展本单位配网故障现场抢修工作总结、分析，制定改进措施。

（4）负责制定本单位配网故障现场抢修方案并组织实施。

（5）负责编制本单位备品备件需求计划，并及时补充，确保抢修材料充足。

（6）组织本单位故障现场抢修人员技能培训。

（7）负责本单位配网故障现场抢修所需的信息通信保障和信息安全。

（8）负责本单位配网故障现场抢修装备、设备、物资的储备、调配、供应和报废材料的处置工作。

（9）负责进行本单位 95598 故障现场抢修类投诉、敏感、回退等工单的处理、整改工作。

第二节　无人值守变电站电网、设备异常情况处理

一、异常处理原则

运维站运维人员与调控部门业务联系（包括操作联系、开工收工、异常和

故障处理等）均应录音并做好记录。在电网系统或运行设备出现异常或故障时，调控部门应及时通知运维站。运维站根据监控人员通报的异常信息、设备变位情况、电网运行情况，综合判断异常原因、异常设备范围，并及时组织运维人员到变电站现场检查核对设备，处理异常情况及故障情况。一、二次设备异常处理流程如下。

（1）监控员在正常监控中，发现设备异常信息时，应立即对本后台机收到的所有异常信息进行综合分析研判，若不影响设备正常运行，可通知运维站在设备巡视或检修时处理；若影响设备正常运行，应立即通知运维站赶赴现场进行检查处理。

（2）无人值守变电站发生设备异常时，监控员负责将相关异常情况或故障情况按照设备调管范围汇报相应调度机构值班调度员，同时通知运维站派人赴现场进行相关检查和倒闸操作。

（3）运维人员接到调控人员有关设备告警信息通知后，应对告警信息进行分析判断。经运维人员判断告警信息为误发或不影响设备正常运行的，可结合工作计划安排人员检查处理。经运维人员判断告警信息危及电网或设备正常运行，或无法正确判断异常状况时，应及时赶赴现场进行检查处理。

（4）设备发生跳闸或损坏性故障时，运维站立即派人赶赴无人值守变电站现场进行详细检查；运维人员经现场检查、分析后，立即汇报调控中心和主管部门，汇报内容包括现场天气情况；一次设备现场外观检查情况；现场是否有人工作；站内相关设备有无越限或过载；站用电安全是否受到威胁；二次设备的动作、复归详细情况。

（5）发生下列情况时可临时恢复有（少）人值守：

1）设备发生重大异常、故障需要有人现场定时监视时；

2）发生火灾、水灾、地震等自然灾害时；

3）发生台风、雨雪冰冻、雾霾等恶劣气候时；

4）重要保供电任务时；

5）综合自动化设备故障、通信设备中断造成变电站监控整体退出并短时无法恢复时。

（6）无人值守变电站单一或多个设备监控异常及退出时，运维人员应加强巡视，可视监控信息和设备的重要程度及现场运行情况，决定是否临时恢复有（少）人值守。

（7）无人值守变电站临时恢复和解除有（少）人值守，应由运维单位分管领导批准后方可实施。运维人员到达现场或撤离前后应告知调控中心。

（8）在运维站人员未到达现场前，省调值班监控员应协助各级调度员进行异常处理，按照调度操作指令进行拉合开关的遥控操作。运维人员进入变电站检查设备后，设备异常处理责任主体转移为现场运维人员。各级调度值班员与现场运维人员直接进行调度业务联系和异常处理，直至设备异常或事故处理结束或告一段落，设备责任主体交回省调监控为止。省调调管范围内设备异常由省调值班监控员在省调值班调度长的指挥下进行现场异常信息收集、梳理工作。在无人值守变电站可能出现无法履行集中监控职能的紧急情况下，省调监控员应按照表 3-1 做好设备监控职责迅速转移的准备工作，确保设备监控业务不间断。设备监控权移交前后，省调监控员均应及时汇报相应调控机构的值班调度员。

表 3-1　　　　　　　　　　　　监控职责移交核对表

	省调移交现场	现场移交省调
站名		
省调监控核对人		
现场运维核对人		
移交时间	年　　月　　日	年　　月　　日
运行方式		
站内还在点亮状态的光字牌及信息数量和原因		
本站遗留电气缺陷		
本站各电压等级母线电压控制范围（kV）		
备注		

二、无人值守变电站常见异常及处理

1. 站用变压器（站用变）失电时自动化信息中断、变电站失去监控

（1）原因：远动设备、监控后台机、相量测量装置（PMU）、同步时钟装置（GPS）等未接入 UPS 电源装置，在站用变失电时装置失电，自动化信息不能及时采集、上送、显示，严重影响无人值守变电站远程监控和安全运行。

（2）措施：在无人值守变电站改造、验收过程中要严格按照无人值班变电站的验收细则逐项验收、调试。无人值守变电站内必须有两套不间断电源 UPS 装置，重要二次设备及自动装置电源必须接入 UPS 电源回路。

严防变电站运行站用变失电时备用站用变不能及时切换，对无人值守变电站站用变电源设计、备自投装置运行严格把关。

2. 无人值守变电站380V低压开关不能远方遥控

（1）原因：低压开关分闸线圈及低压开关控制回路等问题较多。在无人值守改造中没有引起足够重视，存在以上问题，当380V其中一段失电，备自投没有动作时，监控人员无法正常远程操作投入其他备用电源，影响站用系统正常运行。

（2）措施：在无人值守变电站改造过程中，对于220kV及以上采用强迫油循环风冷变压器的变电站，低压系统的完善和验收应等同一、二次设备的验收。在无人值守变电站评估验收中，站用电系统应无遗留缺陷。

3. 部分保护信息未接入变电站远程监控系统

（1）原因：在变电站无人值守改造过程中部分设备或信息漏接，原有设备接口较少，不满足需要。

（2）措施：加装通信串口服务器。

4. 无人值守变电站远动频繁中断

（1）原因：数据网接入设备异常所致。

（2）措施：改进数据网接入设备性能，使其运行稳定性提高。在无法改进现有设备性能时，更换数据网接入设备。

5. 部分设备监控数据突然中断或消失

（1）原因：除了远动设备的原因外，相关设备的测控装置损坏。

（2）措施：日常运行中设备运维人员按时保质保量巡视测控设备，间隔二次设备维护时，也应同时维护测控设备。在运行维护中如发现测控装置存在“DSP个数不正确”的告警日志、遥控出口继电器使用触点为25路以后的触点，要引起高度重视，立即检查测控装置二次回路及装置软件，并进行过程检测，以便及时采取防止测控装置误出口事故。

6. 通信中断

（1）现象：运行中输电线路光路中断，该光缆承载着继电保护、行波测距、变电站调度数据网、自动化、调度电话等业务，光路中断后，所承载的生物业务全部中断。

（2）原因：该线路投运施工过程中，导致24芯OPGW光缆仅有4芯全程贯通，其余20芯全部中断。随着自然环境的影响加深，原有全程贯通的4芯也于事故当日全部中断，导致承载业务全部中断。

（3）措施：对该光缆全程测试，更换该光缆。梳理通信基础资料，排查类似隐患。进行通信系统双链路建设、测试及切换。

7. 变压器分接开关、潜油泵及非电量保护装置异常，运行中分接开关油箱瓦斯报警

（1）原因：没有按照 Q/GDW 1168—2013《输变电设备状态检修试验规程》等规程要求对分接开关油质进行耐压试验、油中含水量测试、切换时间和过渡电阻测试；部分单位对有载分接开关在线滤油机缺乏维护，没有对滤芯进行定期检查和更换，使有载调压油箱油质下降。

（2）措施：对 35kV 及以上变压器有载分接开关排查是否按照 Q/GDW 1168—2013《输变电设备状态检修试验规程》要求，在规定的周期内开展有载分接开关油质耐压和微水测试工作；检查有载分接开关油质耐压和微水测试油样是否取自分接开关切换油室（个别单位取样存在问题，油样取自分接开关储油柜）；检查有载分接开关在达到规定的运行年限或动作次数后，是否按规定要求开展了吊芯检修；检查有载分接开关储油柜油位、呼吸器是否正常；检查有载分接开关在线滤油装置运行是否正常（压力、噪声和振动），是否定期开展滤芯检查和更换。

8. 330kV 及以上强油循环变压器潜油泵振动过大、堵塞、油流继电器异常

（1）原因：330kV 及以上强油循环变压器潜油泵运维不规范，缺乏对潜油泵运行工况的专项检查和检测。

（2）措施：1）检查 330kV 及以上变压器潜油泵选型是否符合十八项反措规定。2）潜油泵是否定期开展以下工作并留有记录：①是否开展潜油泵精确红外测温和比对分析；②是否开展潜油泵异音和异常振动检查；③对运行异常的潜油泵是否开展负载电流测试，并与同台变压器运行正常的潜油泵进行比对分析。

9. 主变非电量保护误发信号

（1）原因：部分运维单位对变压器（电抗器）的非电量保护装置和非电量保护定值管理不规范，部分设备非电量保护装置超期未校验，部分设备非电量保护定值单缺失。

（2）措施：检查 35kV 及以上变压器（电抗器）非电量保护装置，是否按照 Q/GDW 1168—2013《输变电设备状态检修试验规程》要求，在规定的周期内开展非电量保护装置校验工作；检查非电量保护装置台账信息是否健全；检查非电量保护装置定值单是否齐全、有效；主变检修时应对非电量保护进行实际传动检验，严禁用点端子发信号的方法传动验收。例如：压力释放传动，应在压力释放阀上实际施加压力；上层油温、绕组温度应将感温探头实际加热到设定温度等。

10. 系统电压越线

（1）原因：系统负荷增加或者无功功率补偿不够。

（2）处理：监控运行中发现系统电压监测点母线电压偏低或者偏高时，属于本级调控管辖范围内的电压控制或者无功补偿装置，调度立即下令给监控员远方调整相关有载调压变压器分接头，若补偿仍不够，再远方操作有关电容器、电抗器投退，使电压满足曲线要求。若需上一级调控中心操作其调控范围内的有载调压主变压器分接头、电容器、电抗器投退的，本级调度向上一级调度提出申请，上级调度根据本级监控点电压情况，命令本级监控员远程操作相关变压器分接头、电容器、电抗器投退。

若较大系统的监测点电压持续偏低或偏高时，应及时申请停止500kV或750kV无载调压变压器分接头，以满足大系统电压质量要求。

11. 35kV及以下电压等级发生系统单相接地

（1）现象：运行中35kV及以下电压等级中性点不接地系统发生单相接地（包括金属性接地和非金属性接地）。

（2）原因：35kV及以下中性点非直接接地系统，线路及设备运行中受各种环境因素影响较大，经常发生树枝搭接、塑料等异物搭接单相导线的情况，有时也发生两条相同电压等级的线路相同相别同时接地、母线设备单相接地等情况。

（3）处理：由于中性点非直接接地系统允许单相接地运行不超过2h。为缩短异常处理时间，由监控人员先进行远程拉路寻找接地操作，选出接地线路。由线路运维人员根据监控员提供的情报信息进行线路接地点查找和处理。处理接地点若需停电，线路运维人员提出申请，调度批准后，通知无人值守变电站运维人员赶赴变电站进行就地操作。线路接地故障排除后，调度人员命令变电运维人员恢复线路供电操作。正常后，变电运维人员将该线路的操作权移交给远程监控员。

若经监控员拉路操作，仍没有找到接地线路时，监控员先通知变电运维人员赶赴变电站进行设备检查、接地点寻找操作。若接地点属于母线设备，调度员根据运行方式，命令运维人员进行相应的倒闸操作，停止接地母线运行，处理接地故障。待接地故障处理完毕，恢复正常后，该变电站的监控权和操作权一并移交监控员。

12. 保护装置动作后复归

（1）现象：运行中由于负荷变动、系统冲击等原因，经常出现一些保护启动信号，继而立即恢复正常。监控员会收到保护动作信息，若干秒后，该动作信息又自动复归。

（2）处理：处理时，监控人员应清楚该瞬间启动又复归的信息会不会影响相关设备正常运行。若判断该信息即使后台自动复归，但装置信息未自动复归，仍需要人工复归时，应通知运维人员到现场手动复归装置。若监控人员能够判断后台复归的信息，装置也已经同时复归，此时不需要通知运维人员立即去现场检查复归装置。运维人员可在设备巡视维护过程中重点检查动作过的装置运行情况。

（3）措施：运维人员应梳理所管辖变电站，哪些装置动作后不能自动复归，需要人工复归。监控人员也应熟悉所监控变电站的设备配备及运维特点，以实现在设备运行监控中出现异常信息，能够准确判断，有效处置。达到紧急异常信息能够得到及时处置，非紧急信息出现不浪费运维资源。

13. SF_6 断路器压力降低

（1）现象：正常运行中，监控中心 D5000 监控系统报某无人值守变电站“110kV A 线路测控单元 SF_6 压力低报警”信号。

（2）处理：监控中心立即通知运维站值班人员。运维站当值运维人员携带 SF_6 检漏仪、SF_6 气瓶、充气工具赶赴现场。

运维人员立即检查 10kV A 线路 SF_6 断路器压力，表计指示压力为 0.44MPa，达到了报警压力值。带电用检漏仪对该断路器底部相关气体管路进行检查，发现补气口与压力表之间阀门处漏气。立即对断路器漏气处进行堵漏，并补气至 0.55MPa。

运维人员对该变电站的其他 110kV SF_6 断路器压力进行全面检查，发现另有 B、C 线路压力也已经降低至 0.45MPa，接近报警值。继续对 B、C 线路断路器进行检漏，发现 C 线断路器进断路器气室的阀门处漏气，进行堵漏和补气处理。

（3）分析：该无人值守变电站所处地区环境温度突然由 +10℃ 降为 −17℃，该变电站 23 台 110kV SF_6 断路器在一年前进行过技改增容改造，有些气体回路阀门处有裂纹，有些阀门橡胶垫老化，造成当年入冬两个月里 7 台断路器压力降低报警。通过分析共性问题，进行了家族型缺陷处理。

调取该无人值守变电站遥视视频记录、SF_6 压力整点采集记录，发现该变电站 110kV 源塔Ⅱ回、源大线、源明线断路器 SF_6 压力在 5h 之内由正常值 0.56、0.55、0.55MPa 分别降低为 0.44、0.47、0.45MPa。

（4）措施：凡是技改大修项目完成后，验收工作应严格把关。技改大修过的设备应该在保质期满之前进行一次全面检查。技改大修过的设备在投运后一年内应该随季节变化及时进行相关检修和试验，以便尽早发现设备存在的缺陷和隐患。

14．运行中 SVC 监控系统运行异常

（1）现象：运行中，监控人员发现监控后台报“某 330kV 变电站 35kV SVC 监控系统运行异常”信息。

（2）处理：监控人员通知运维站人员赶赴现场检查，发现：1 号 SVC、2 号 SVC TCR 电抗器输出无功功率为 0Mvar，3 次滤波器、5 次滤波器无功功率输出为 8Mvar。运维人员汇报监控及调度人员，立即据调令将 1 号 SVC、2 号 SVC 退出运行。

（3）原因分析：站内站用变切换时，2 号主变高压侧汇控柜隔离开关电源小开关跳闸，造成 2 号主变高压侧电压切换继电器失电，SVC 采集不到 330kV 系统电压，SVC 监控系统判断为 330kV 系统电压陡然下降，3 次滤波及 5 次滤波迅速向系统提供无功功率，以便升高电压。但系统电压在正常范围内，TCR 未吸收无功。SVC 主要是根据系统需要，及时向系统提供无功功率，以调节电压。

（4）防范措施：修改 SVC 系统程序设置，当系统电压在瞬间降为额定电压的 1/2 时，自动闭锁 SVC 系统所有功能，不再向系统输送无功功率，包括 3 次和 5 次滤波后的无功功率。

15．35kV 1 号 SVC 控保室 B 相阀组散热板渗水

（1）现象：监控与运维联合巡视时发现某 330kV 变电站 35kV 1 号 SVC 控保室 B 相阀组散热板渗水。

（2）处理：运维人员将 35kV 1 号 SVC 停电，准备临时处理 35kV 1 号 SVC 控保室 B 相阀组散热板渗水。停电后发现渗水部位在散热板焊缝处，不具备临时处理条件。立即投入其他备用 SVC，满足系统无功需要。将 1 号 SVC 及其附属设备停电转检修状态，待厂家带配件抵达现场后与运维人员一起彻底处理该问题。

（3）原因分析：35kV 1 号 SVC 控保室 B 相阀组为循环水冷却方式。由于 1 号 SVC 长期运行产生的热量作用和水压的作用，使得散热板焊缝处出现砂眼、渗水。

（4）防范措施：设备监造、现场验收时严格把好质量关，交接试验应全

面。设备运行初期、第一次出现气温突变时，运维人员应进行一次特殊巡视和设备重点部位巡视，以便及时发现设备存在的隐患和薄弱点。在进行巡视性维护时，定期检查冷却水系统设备及部件的完好性。

16. 保护装置通道收信尾纤衰耗偏大造成通道异常

（1）现象：监控人员发现监控后台打出“3131 汇唐线保护 A 套装置报警”信息。

（2）处理：监控人员立即通知运维人员进站检查，监控人员严密监视 3131 汇唐线线路另一套保护运行状态。

运维人员检查 3131 汇唐线 A 套保护装置，装置发“装置报警”“纵联通道 1 严重误码”“纵联通道 1 异常”“3131 汇唐线线路保护Ⅰ PCS931 失电告警”信息。A 套保护即为 PCS931，以上信息频发，瞬时复归后再发。

运维人员检查光纤电缆，未发现异常。测量光纤通道收发信号，发现收信信号偏弱，更换备用尾纤后，数据信号正常，保护装置异常信号全部自动复归。

（3）原因分析：保护装置 A 通道收信尾纤衰耗偏大。

（4）措施：光纤电缆的尾纤制作工艺要合格。尾纤制作完毕应测试其导通性。每次拔出尾纤再插入时应检查插入光纤盒的深度、接触是否良好。

17. 主变 500kV 侧 B 相电压互感器放油阀处渗油

（1）现象：监控人员远程巡视设备时发现 3 号主变 500kV 侧 B 相电压互感器放油阀处有油迹，与放油阀相对应地面处也有新油迹。

（2）处理：监控人员立即通知运维人员进站检查 3 号主变 500kV 侧 B 相电压互感器放油阀渗油情况，以确定该电压互感器能否继续运行。

运维人员检查 3 号主变 500kV 侧 B 相电压互感器，发现放油阀渗油严重，每分钟漏 3 滴，电压互感器油位观察窗内已经看不到油面。

运维人员将现场检查情况汇报调度及上级部门领导，根据调令立即将 3 号主变由运行转为冷备用，紧急处理 B 相电压互感器放油阀处漏油异常。

（3）原因分析：放油阀橡胶垫老化，电压互感器状态检修试验后，试验人员未将放油阀橡胶垫和紧固螺钉放平、拧紧，导致漏油发生。

（4）措施：对于老旧设备、运行环境比较恶劣的设备油阀、气阀等阀门橡胶垫、金属垫片，应经常检查其完好性，若有老化、变形的，应立即更换。设备油阀、气阀等阀门操作后，应将螺钉水平拧紧。

18. 运维站值班员误听令

（1）现象：运行中，监控值班员发现监控机报“B变电站330kV AB线第二套保护装置故障”信息。

（2）处理：监控值班员立即通知运维站值班员，B变电站330kV AB线第二套保护装置故障，应尽快派人进站处理。

运维值班员汇报运维班长：监控中心通知“A变电站330kV AB线第二套保护装置故障，要求尽快派人进站处理。”班长立即派两名运维人员赶赴A变电站检查。经检查发现A变电站监控后台机报“330kV AB线保护装置通道异常”，A变电站330kV AB线第二套光线差动保护装置报“通道异常”，无其他异常信息。运维人员检查装置定值及采样值均正常，装置进出回路正常。

现场处理异常的运维工作负责人汇报省调值班监控员和值班调度员现场检查结果：“A变电站330kV AB线第二套光纤差动保护装置未报故障信息，只是通道异常，申请将A变电站和B变电站330kV AB线第二套光线差动保护装置差动部分同时退出运行，再进行进一步检查确认。”

值班监控员和值班调度员同时发现运维工作负责人汇报的是A变电站检查情况，询问B变电站检查情况。运维工作负责人回复由于“A变电站330kV AB线第二套保护装置故障”，运维站先派人检查A变电站保护装置异常情况，还没有进入B变电站检查。

经监控值班员再次确认，双方回放录音电话，发现运维值班员误传达调令。运维站值班长再派一部分人员立即赶赴B变电站，在A变电站的运维人员继续等待配合。B变电站经检查发现监控后台机和保护装置均报“330kV AB线第二套保护装置故障”，保护装置报“CPU1故障”且保护装置无采样值。判断为该保护装置已不能正常运行，需立即退出。B变电站的运维工作负责人申请调度退出330kV AB线两侧第二套保护装置，进行装置CPU更换。

根据调令分别退出330kV AB线两侧第二套保护装置。检查故障装置插件，确认故障插件后，立即更换故障插件板，B变电站装置恢复正常。汇报调度，根据调令同时投入330kV AB线两侧第二套保护装置，两侧保护运行正常，异常处理结束。

（3）原因分析：330kV A、B两个变电站同属于一个运维班管辖。运维值班员在接听监控命令电话时未进行记录和复诵，未进行命令录音回放，导致命令误传达，延误异常处理时间为3h。

（4）防范措施：监控值班员给运维值班员下达异常、故障检查处理命令时要录音，接令人要做记录并给发令人复诵，双方确认命令无误后，运维班执行命令。

对于负责多个变电站运维工作的运维站，所有倒闸操作、异常、事故处理，在操作任务和命令之前必须加变电站名称。监控值班员、调度值班员对运维站下命令时必须在命令前加变电站名称。运维班人员之间转接命令时应复诵确认命令的正确性。

19. 线路保护缺陷导致线路被迫停运

（1）现象：监控运行中，监控后台机报 M 变电站"330kV A×B 线路 CSC-103B 保护装置失电""330kV AB 线 PRS-753 保护软压板 CRC 校验出错"。由于一条线路的两套保护同时异常，监控员立即通知运维站人员赶赴现场检查处理。同时，监控员立即做好转移 AB 线负荷的准备工作。

运维人员现场检查 AB 线保护装置，AB 线 CSC-103B 保护装置直流电源消失，保护柜上直流电源正常，该保护装置不能正常运行。AB 线 PRS-753 保护装置报"软压板 CRC 校验出错"，且已经闭锁保护装置，该装置不能正常运行。

（2）处理：运维人员判断 AB 线两套保护装置均不能正常运行，立即向调度申请将 330kV AB 线退出运行，停电检查两套保护装置故障原因。

根据调令将 330kV AB 线运行转冷备用，退出两套保护。检查后发现 AB 线 CSC-103B 保护装置失电，原因是保护屏柜内端子排上的厂家内配短连接片螺钉松动，使装置失电。AB 线 PRS-753 保护报"软压板 CRC 校验出错"并闭锁保护装置，原因为该批次 GOOSE 通信板件质量不合格，网口接口芯片失效输出异常数据，导致装置 CRC 自检出错。PRS-753 系列保护，用于一侧常规站、另一侧智能变电站线路时，光纤通信板的光纤同步模糊区存在数据接收异常缺陷，使装置 CRC 自检出错误数据，因而装置自动闭锁功能。

（3）防范措施：保护装置投运时应检查保护屏柜内端子排上的厂家内配短连接片螺钉及二次线有无松动，新设备到达现场后，厂家应及时对负责区域螺钉进行紧固；针对 GOOSE 通信板件质量不合格问题，需对同批次板件进行更换，对两端光纤通信板件进行更换升级；施工、监理单位应做好工程安装调试阶段的过程三级自检和监理初验，运维单位应提前介入工程安装调试工作，提前熟悉设备，跟踪安装调试进度，提前编制验收计划和方案。

20. 监控运行中报"330kV 甲变电站 2 号主变有载调压油位异常"

（1）现象：监控员发现监控机信息窗报"330kV 甲变电站 2 号主变有载调

压油位异常”信息。

（2）处理：监控人员查看2号主变负荷、油面温度、绕组温度、强迫油循环风冷变压器冷却器运行均正常。严密监视2号主变负荷、油面温度、绕组温度变化及冷却器运行情况。

运维人员进入甲变电站现场，全面检查2号主变，发现有载调压油位较低，主变油面温度较低，为10℃。判断为主变油温过低造成以上异常现象，将2号主变冷却器切除一组后，油温回升，异常信号自动复归。

（3）防范措施：在环境温度低于零度时，对主变进行全面检查，观察主变油面温度及绕组温度变化情况，观察强迫油循环风冷变压器油流继电器动作情况，若温度较低，应适当退出部分冷却器，使主变油面温度保持在20℃左右。

21. 断路器储能回路异常

（1）现象：运行中监控中心监控机报“330kV 3322断路器电机过热、储能电机电源跳闸”信号，长时间不复归。

（2）处理：运维人员检查330kV 3322断路器电机打压回路，发现电机储能小开关合不上。经检查，3322断路器C相机构本体有短路。进一步检查为机构箱内航空插头烧损，立即更换后，电机打压正常，异常信号复归。

（3）防范措施：对无人值守变电站进行常规巡视时，应将一、二次设备全部纳入巡视范围，同时巡视。对断路器油压、气压等电源回路定期进行手动、自动切换检查。

22. 站用变电压高导致主变冷却器Ⅰ组工作电源故障

（1）现象：运行中，监控中心监控机打出“330kV某变电站2号主变中压侧RCS9705C-冷却器Ⅰ组工作电源故障”信息，监控员检查2号主变负荷及油面温度均正常。监控员立即通知运维站运维人员进入现场检查，并持续监视2号主变负荷及油面温度变化，监视2号主变冷却器运行情况。

（2）检查处理：运维人员到达变电站现场，检查2号主变通风控制箱内“Ⅰ组工作电源故障”灯亮，所有空气断路器在合位。2号主变通风冷却器电源已经全部切换至Ⅱ段电源工作，风扇运行正常。检查380V配电室内2号主变通风馈电开关在正常合位。

进一步检查2号主变压器通风控制回路，发现2号主变通风控制电源箱内的“ST1断相与保护继电器”一直在吸合状态未复归，导致误发“2号主变中压侧RCS-9705C冷却器Ⅰ组工作电源故障”信息。调整站用变电压后，ST1

继电器断相与保护继电器返回，2 号主变冷却器“Ⅰ组工作电源故障”灯复归，“2 号主变中压侧 RCS9705C-冷却器Ⅰ组工作电源故障”信息复归，冷却器运行正常。

(3) 原因分析：站用电系统电压过高，ST1 断相与保护继电器动作闭锁 380V 系统一段电源，该继电器动作值为 330～430V。

(4) 防范措施：严密监视并控制站用变电压。大型无人值守变电站的站用变应更换为有载调压变压器。运维人员对主变通风回路正常巡视和专业巡视时必须检查相应回路继电器状态。运维人员按规定周期对主变通风系统进行定期切换、维护类检修。

23. 运行中站用变报“轻瓦斯动作”信号

(1) 现象：运行中监控中心收到“某 220kV 变电站 1 号站用变轻瓦斯动作”信号，1min 后，该信号复归。第二次间隔 8min 后再次发出该信号，5min 后复归。第三次间隔 4min 后，发出该信号，没有复归。

(2) 处理：监控人员立即通知运维人员到站检查。监控人员检查该变电站 2 号站用变及备用站用变压器运行正常，同时做好了 1 号站用变停电准备。

运维人员进站检查 1 号站用变，发现站用变顶部严重溢油，油标管中已没有油位。立即将 1 号站用变转为冷备用状态。将备用变投入运行。

(3) 原因分析：运维人员将 1 号站用变转为检修状态后全面检查，发现 1 号站用变地基下沉，站用变位置整体下移，但站用变高压套管、高压母排及固定架未下降，使得高压套管根部被扒开，站用变油箱内绝缘油从高压套管根部缝隙中溢出。

(4) 防范措施：在每年春天气温升高、土壤解冻时，对全部一次设备基础进行全面检查，以便及时发现设备基础下沉情况。新建变电站及新扩建间隔一次设备基础在迎来第一个春季和雨季时进行全面检查，防止地基下沉造成设备或电网事故。站用变保护定检时对非电量保护的相关信号也应进行全面检验。

24. 稳控装置通道告警

(1) 现象：运行中监控后台机收到 A 变电站“稳控 A 装置告警”“稳控 A 装置通道告警”信号，监控人员立即通知运维人员进站检查。

(2) 检查：运维人员进站检查稳定控制主机 A 柜 PCS-992 稳定控制装置，“告警”“MUX22 告警”及“通道 2 异常”指示灯亮，液晶屏显示“至 B 变电站通信异常”。

(3) 处理：运维人员将检查结果汇报调度，根据调令退出 PCS-992 第一套安全稳定控制装置。检查第一套安全稳定控制装置通道，发现至 B 变电站光纤通道不通，光纤电缆损坏。立即更换备用芯。第一套安全稳定控制装置告警信息随即复归。根据调令投入 PCS-992 第一套安全稳定控制装置，运行正常。

（4）原因分析：A 变电站的稳控装置至 B 变电站通道光纤电缆损坏。

（5）防范措施：无人值守变电站专业巡视时，应将站内保护及自动装置的通信检查、站内光纤插头接触良好检查作为巡视检查内容。对稳控装置巡视时，应检查各支路通道、参数及采集量正常。

25. 2 号 SVC MCR 支路有异常声音

（1）现象：运维人员进行定期巡视设备时，发现 2 号 SVC MCR 支路有严重异常声响，监控人员未收到异常信息。

（2）处理：运维人员全面检查 2 号 SVC MCR 支路设备，未发现明显异常现象。据调令将 2 号 SVC MCR 支路退出运行。经检查 2 号 SVC 发现 MCR 无功补偿装置程序在某一时间内不受控，导致 A 相励磁箱内晶闸管大角度导通，出现异常声响，更换励磁箱内控制板后，2 号 SVC MCR 支路恢复供电，异常声音消失，一切恢复正常。

（3）原因分析：励磁箱内控制板元件故障，MCR 无功补偿装置程序在某一时间内不受控，导致 A 相励磁箱内晶闸管大角度导通。

（4）防范措施：二次设备定期巡视和专业巡视时，装置参数和运行程序应纳入巡视范围。

第三节　无人值守变电站电网、设备故障处理

一、故障处理流程

（1）本级调度管辖范围内的故障，由本级调度和监控人员相互配合进行故障初期的隔离、控制等远程操作。同时，根据监控到的故障信息综合判断故障范围，通知相关线路运维单位、变电运维单位、通信运维单位，或三者均需要通知，配合查找线路或者变电站具体故障点，处理故障。

（2）上级调度管辖范围内的设备或电网故障，导致本级调管范围内出现次生故障的，本级调控人员必须在上级调度的统一指挥下进行故障处理。各级调控人员按照相关事故应急处理规定及具体事故现象、范围，通知本级相关线路、变电、通信等运维单位，立即赶赴现场进行故障处理。

(3) 各个运维单位进入故障现场后，故障处理权即移交给现场，由现场运维人员继续进行故障进一步隔离、控制、处理操作，监控人员继续监控剩余设备的运行。

(4) 现场故障处理过程中，监控员应提供故障发生时的全部详细信息、现象，以便运维人员正确、及时处理故障。运维人员现场处理故障时，监控人员全力配合。严禁监控人员与运维人员同时操作故障设备。任何时候设备操作主体只能有一个。

(5) 现场故障处理结束，恢复正常运行后，监控权、监控设备的远程操作权即可移交监控员。

二、无人值守变电站常见故障及处理

1. 330kV 变电站直流接地引起站用变跳闸

(1) 故障前运行工况：某 330kV 变电站的 330kV Ⅰ、Ⅱ母并列运行（3/2 接线方式），110kV Ⅰ、Ⅱ母并列运行（双母线接线方式），三台容量为 240 000kVA 强迫油循环风冷自耦变压器并列运行，站内变压器低压 35kV 侧各带一台站用变运行，外接一台 35kV 备用变压器运行。380V 低压系统Ⅰ、Ⅱ、Ⅲ段母线分裂运行，Ⅰ、Ⅲ段母线分别带站用负荷（包括三台主变通风系统）运行，Ⅱ段作为备用段运行，备自投装置运行。

(2) 事故发生及扩大过程：6 月 28 日 7 时 49 分 38 秒在运行人员现场拉开 110kV 源甘线 94 号断路器（运行于 110kV Ⅱ段母线）后，监控后台机 7 时 49 分 47 秒打出“110kV 绝缘监测仪 110kV 系统控制电源Ⅱ正接地”；7 时 49 分 55 秒 3 号站用变本体重瓦斯动作；7 时 49 分 55 秒 3 号站用测控 03 开关位置分；7 时 49 分 56 秒 3 号站用变 60 号断路器测控位置分；7 时 51 分 41 秒 1 号站用变保护断路器偷跳；7 时 51 分 42 秒 1 号站用变测控 56 开关分；7 时 56 分 43 秒 2 号站用变本体重瓦斯动作；7 时 56 分 43 秒 552 毫秒 2 号站用变本体重瓦斯动作；7 时 56 分 43 秒 847 毫秒 2 号站用变开关偷跳动作；7 时 56 分 51 秒远动至省调通道中断；7 时 56 分 51 秒 005 毫秒 330kV 源明Ⅰ回 WXH-803 保护装置通道告警。

(3) 事故处置情况：监控人员发现该变电站三台站用变全部跳闸，站用系统失电后，检查该变电站三台主变所带负荷均在额定负荷的 70%以内，三台主变上层油温均在 35℃以下，判断可以坚持运行 1h。

调控人员一方面远程退出三台主变“冷却器全停跳闸出口”软压板，另一方面通知运维站运维人员立即停止操作，然后到现场检查处理。

运维人员检查三台主变所带负荷均在额定负荷的70%以内，环境温度25℃。检查三台站用变外观无异常，油色油位正常，气体继电器内没有气体。1号、2号站用变有偷跳现象，3号站用变无保护动作信息，立即退出备自投装置，用3号站用变向380V母线充电，一切正常后，恢复了三台主变通风系统供电。汇报调度及监控人员。调度命令运维人员就地操作投入三台主变“冷却器全停跳闸出口”软压板。运维人员继续操作，将1号、2号站用变转为冷备用状态，检查误动作原因。

（4）原因分析：经保护人员检查发现110kV CSC-150母线保护源甘线隔离开关位置接线为接地回路。对110kV源甘线942隔离开关机构检查后发现，110kV母线保护源甘线隔离开关位置信号回路与源甘线间隔联锁回路公用一组动合触点，如图3-1（a）所示。联锁回路121/71-QS、121/73-2QS电缆芯与母差隔离开关位置回路电缆芯B202\121、B202\123，并接于端子排的33、34。将联锁回路121/71-QS、121/73-2QS电缆芯改至备用动合触点41、42，如图3-1（b）所示。改接后直流系统恢复正常。

（5）直流接地原因：110kV母线保护源甘线隔离开关位置信号回路与源甘线间隔联锁回路公用一组动合触点。当拉开110kV源甘线时隔离开关联锁回路断路器QF触点闭合，交直流回路短接造成直流系统接地。

（6）站用变保护动作跳闸原因：当交直流短接后引起直流系统干扰，站用变保护误出口。

（7）330kV源明Ⅰ回WXH-803保护装置通道告警原因：信通机房源内330kV源明Ⅰ回许继WXH-803线路保护复用接口装置为OTEC64（2M）4-5，电源为DC110/220V及AC110/220V现场接电源为交流220V，交流系统失压后报330kV源明Ⅰ回WXH-803保护装置通道告警。

（8）远动至省调通道中断原因为远动至省调通道使用XWA2Q双机双信道，切换装置使用交流电源，当交流系统失压后通道中断。

（9）事故暴露的问题。

1）部分厂家生产的保护及测控装置抗干扰能力差，在直流接地时监控后台频繁刷屏，打出各种遥信变位信息；CSC241站用变保护非电量出口回路抗干扰能力差。

2）该变电站电气闭锁回路为2012年改造施工，由于施工完后电气闭锁回路的准确性无法验收，只能结合停电确认，故施工单位施工结束后没有进行回

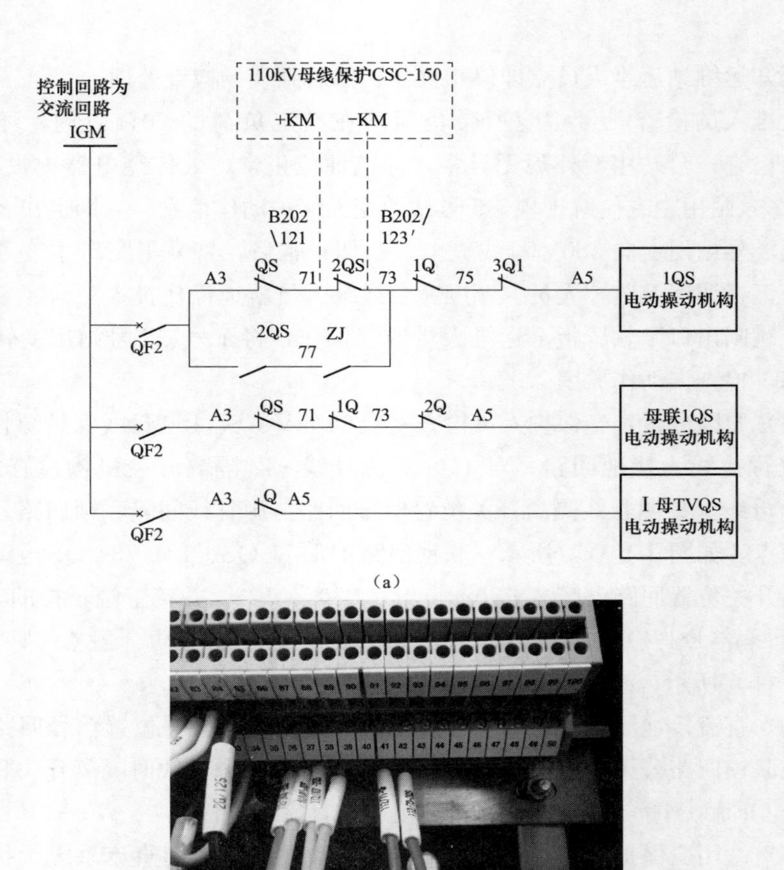

图 3-1　110kV CSC-150 母线保护信号回路及隔离开关检查

(a) 信号回路图；(b) 942 隔离开关机构端子排

路准确性的验收。暴露出接线错误，施工质量差。

3）二次工作人员对十八项反措执行不到位，对反措中“15.7.7　针对来自系统操作、故障、直流接地等异常情况，应采取有效防误动措施，防止保护装置单一元件损坏可能引起的不正确动作。断路器失灵起动母差、变压器断路器失灵启动等重要回路宜采用双开入接口，必要时，还可装设大功率重动继电器，或采取软件防误等措施。”在 CSC-241C 站用变保护中非电量 1、非电量 2 均已加装大功率重动继电器，但在改造中未将重瓦斯开入接点接至以上开入。

4）运维人员验收不到位，对改造后设备投运验收缺乏全面性和针对性，附属设备电源等的检查流于形式，未能及时发现复用接口装置远动通道切换装置等存在的安全隐患。

（10）防范对策。

1）对新投运设备严格执行十八项反措、各项规定。

2）加强对改造工程验收，确保改造后回路正确、接线可靠。

3）成立变电运维专业排查小组，制定专项排查方案，逐站、逐台、逐屏对所辖变电站站用变保护进行排查整改。同时做好各类资料收集、存档工作。

4）对本次跳闸进行全面分析，找到跳闸原因，对照“十八项反措”进行专项培训，从事故中获取经验，杜绝类似事故再次发生。

2．强迫油循环变压器通风回路失电

（1）现象：运行中强迫油循环变压器通风回路失电，主变冷却器全停。监控人员发现运行中的某 330kV 变电站报“1 号主变冷却器故障”“1 号主变冷却器全停”“1 号站用变重瓦斯动作”“1 号站用变高低压断路器 53 号、10 号跳闸”信息，立即通过视频检查 1 号主变冷却器，五组风扇全在停止状态。检查 380V 系统电压，Ⅰ段电压为 0，Ⅱ、Ⅲ段电压正常。判断为 1 号站用变故障跳闸，站用电系统备自投未动作。1 号主变通风带在 380V Ⅰ段母线上，Ⅰ段母线失压后，1 号主变通风电源未自动切换。

（2）处理：监控人员立即电话通知运维人员赶赴变电站现场。同时，监控人员立即远程操作，将备用站用变供电至 380V Ⅰ段母线，1 号主变通风回路运行正常，相关信号自动复归。监控人员密切监视站用电系统及 1 号主变通风系统运行情况。直到运维人员到达现场，隔离故障的 1 号站用变，1 号主变通风回路自动切换正常。

注：当主变冷却器全停跳闸压板为软压板，可以进行远程投退，监控员检查变压器上层油温和所带负荷都在变压器运行规程规定范围内时，可以远程退出冷却器全停跳闸压板，并密切监视变压器负荷及油温变化情况，控制变压器无冷却器运行时间。同时通知运维人员赶赴现场处理。

3．变电站无功补偿设备着火

（1）现象：运行中，220kV 变电站 1 号主变低压侧电容器着火。

（2）处理：监控员发现电容器跳闸，变电站火灾报警系统动作后，立即通知运维站人员赶赴现场。监控人员从视频画面中看到电容器着火，立即拨打 119 消防电话。运维人员到达现场后，检查电容器侧断路器已经跳闸，电源已经断开，自行组织灭火。控制了火势蔓延，专业消防人员到达后，对着火电容器进行了进一步灭火。经检查，起火原因为电容器与断路器之间的高压电缆头绝缘损坏，相间短路起火。

对于此类事故，若从监控视频中发现电气设备着火，但控制相关设备的断路器未跳闸时，监控人员要先进行远程隔离电源操作，再报警，通知运维人员进行现场处理。

4. 330kV XYⅡ线 PRS753D 通道故障

(1) 现象：正常运行中 330kV XYⅡ线两侧 PRS753D 型高压线路保护装置均在运行。28 日 22 时 41 分 11 秒，监控中心后台监控机同时打出 Y 变电站“330kV XYⅡ线 PRS753D 通道告警”，X 变电站“330kV XYⅡ线 PRS753D 通道告警”。监控人员通知运维人员赶赴两个变电站，两个变电站 PRS753D 装置“通道告警”红灯常亮，按复归按钮后装置“通道告警”灯仍常亮，无法复归。Y 变电站对 330kV XYⅡ线 PRS753D 保护装置通道自环后正常。X 变电站经检查 330kV XYⅡ线 PRS753D 保护装置光纤差动接口插件损坏。

(2) 处理：两边变电站同时退出 330kV XYⅡ线 PRS753D 保护装置差动连接片，X 变电站更换 330kV XYⅡ线 PRS753D 保护装置光纤接口插件，更换后通道恢复正常。两边变电站同时投入 330kV XYⅡ线 PRS753D 保护装置差动连接片，装置运行均正常。

5. 计量人员误加电流致使 330kV 线路保护误动作跳闸

(1) 事故前运行方式。3/2 接线方式下，第一串：3310 断路器检修，3311 断路器带 330kV AB 线运行，3312 断路器为扩建中的 330kV AC 线。330kV AB 线 3311 断路器跳闸前，330kV AC/AB 线 3310 断路器在检修状态，计量中心人员正在进行 3310 断路器 A 相 TV 角、比差试验。330kV AB 线第一套线路保护 RCS-931BM、第二套线路保护 CSC-101A 投入运行。

(2) 故障现象：12 日 15 时 46 分 11 秒，监控后台推出事故画面，监控后台主接线图 3311 号断路器绿灯闪烁。简报窗口显示：AB 线 RCS-931BM 保护 A 相跳闸、B 相跳闸、C 相跳闸，330kV AB 线 CSC-101A 高频距离保护零序辅助启动、保护跳闸发信，3311 断路器辅助保护柜跳闸；3311 断路器事故跳闸，断路器电流、电压指示为零；330kV AB 线电压、电流、有功、无功指示为零；330kV 故障录波器（四）动作异常。330kV AB 线 3311 断路器在“分闸”位置。3311 断路器空气压力为 1.54MPa。RCS-931BM 保护零序过流Ⅳ段动作，CSC-101A 保护零序辅助保护启动，故障录波器显示区内无故障。最大故障（相）电流：0.888kA/0.444A。最低故障（相）电压：191.189kV/57.936V。

(3) 处理：监控人员立即通知运维人员检查设备。330kV AB 线 3311 断路器操作箱第一组跳闸灯亮。现场检查一、二次设备正常，计量人员拆除对3310断路器回路试验接线后，恢复供电，一切正常。

（4）原因分析：该变电站330kV设备为3\2接线方式，线路保护、计量及测量等装置用TA电流回路均采用边断路器与中断路器合电流，3310断路器第五组5LH及第六组6LH两组电流回路分别接至3311断路器TA端子箱，与3311断路器第五组5LH和第六组6LH电流回路各自合并后进入保护室，分别接入330kV AB线RCS-931BM型（5LH）和CSC-101A型（6LH）线路保护装置。

对330kV AB线3311断路器跳闸时的线路保护动作报告和录波装置录波报告进行分析，从15时46分07秒405毫秒AB线路保护启动后，线路A相电流0.644A明显大于B相电流0.456A和C相电流0.471A，产生零序电流达0.188A，此零序电流长期存在，并达到RCS-931BM线路保护零序Ⅳ段保护动作出口条件（零序Ⅳ段电流定值0.15A，保护动作时记录故障零序电流为0.17A，动作时限3.1s），再从线路保护和故障录波装置录波图分析，在3311断路器三相跳闸后，线路零序电流依然存在，线路保护动作后最长有效录波时间为6078ms，故障录波装置启动后有效录波时间为5358ms，此时间段内零序电流均存在。

通过上述数据综合分析，均可判断故障原因为电科院计量中心试验人员在进行3310断路器TA角、比差试验过程中，未对断路器二次电流回路进行安全隔离，用电流发生器将电流加至3310断路器A相一次侧，致使3310断路器A相试验电流通过该断路器TA二次电流回路与3311断路器TA二次电流合并回路后，流入330kV AB线线路保护装置，导致330kV AB线RCS-931BM线路保护零序Ⅳ段动作，3311断路器三相出口跳闸。

（5）防范措施：二次回路工作前的安全隔离措施应按照回路图纸逐项隔离清楚。特别是在3/2接线的中断路器回路工作时，由于该接线方式的特殊性，需对其有关的电流回路、电压回路、失灵回路进行安全隔离，否则，将直接影响其他线路或主变的正常运行。

6. UPS电源故障

（1）现象：5月18日，A省电力有限公司因UPS电源系统故障，造成A公司企业门户、基建管控和生产管理3个信息系统无法正常访问。

（2）原因：5月18日9时30分，A公司信息运维人员在电源室巡检过程中发现1号UPS电池组中1组4号电池桩头连接线有松动迹象，随即将电池组退出运行进行消缺，同时将 1 号 UPS 转为主供、备供在线方式（主供输入、备供输入分别接入两条独立的交流电源）。10 时 5 分，因办公大楼外部供电电源施工，物业部门在未通知信息运维部门的情况下，将机房供电电源一回线路切断（该线路为 1 号 UPS 主供输入电源）。1 号 UPS 在主供、备供电源自动切换过程中，因主供、备供电源电压差过大，未能实现不间断在线切换，出现瞬时断电现象。因企业门户、基建管控和生产管理系统服务器为单电源设备，仅由 1 号 UPS 供电，此次瞬时断电导致上述 3 个系统服务器宕机，企业门户、基建管控和生产管理系统服务中断。

（3）处理：A 公司信息运维人员立即恢复机房内 UPS 正常供电，企业门户、基建管控、生产管理三个系统厂商工程师抵达现场处理后，企业门户服务恢复正常。

（4）原因分析：A 公司 1 号 UPS 主供、备供电源电压差过大，在 UPS 系统供电负载较大的情况下，未能实现主供、备供电源不间断在线切换，出现供电瞬时闪断现象，导致企业门户系统、基建管控系统和生产管理系统服务器宕机。

A 公司企业门户、基建管控和生产管理系统服务器为单电源设备，未能实现双路供电；发现 UPS 缺陷后，在未统筹安排检修计划的情况下直接改变 UPS 运行方式，并在对 UPS 电池组消缺处理过程中，采取了双路供电措施，但对外部电源扰动可能造成瞬时断电风险估计不足，防范措施不全面；物业部门在切换 UPS 主供电源时，未及时告之信息运维部门，沟通机制不畅通。

信息运维人员专业技能不足，对信息系统启停步骤不熟悉，信息系统恢复过程过度依赖厂商技术支持，是造成此次事件解决时间过长，故障影响扩大的原因。

（5）预防措施：全面排查和消除机房基础运行和系统单路供电隐患；规范和强化检修操作管理，建立协调联动机制；提升信息系统运维人员专业技能，完善信息系统应急预案。

（6）应汲取的教训：在无人值守变电站站用变失压后，变电站站用交流电消失。在运维人员到达变电站现场恢复站用交流电之前，变电站内远动系统、断路器操动机构电机、储能等重要交流电源必须靠站内 UPS 提供，当 UPS 不能满足紧急需要时，可能造成变电站失去信息监控、断路器无法操作等严重问题。

7. SVC 故障跳闸

（1）现象：监控人员发现监控后台机报 330kV A 变电站“1 号 SVC、2 号 SVC 电抗器保护动作跳闸”信息，并推事故跳闸画面。

（2）处理：监控人员通知运维人员进站检查处理。运维人员检查 A 变电站内监控后台机，有以下信息：SVC 监控系统运行异常，1 号 SVC 系统故障跳闸，1 号 SVC 冷却器综合跳闸，2 号 SVC 冷却器综合故障报警，1 号 SVC、2 号 SVC 3 次滤波器、5 次滤波器 RCS-9633C 保护整组启动，1 号 SVC、2 号 SVC 电抗器保护动作。

（3）检查保护动作信息：1 号动力电源故障，2 号动力电源故障，交流动力电源皆故障，TCR1 水冷系统综合跳闸，TCR2 水冷系统综合跳闸，紧急故障跳 TCR1 断路器指令发出动作，TCR1 保护跳闸连跳第一组 5 次滤波器动作，TCR1 保护跳闸连跳第一组 3 次滤波器动作；紧急故障跳 TCR2 断路器指令发出动作，TCR2 保护跳闸连跳第一组 5 次滤波器动作，TCR2 保护跳闸连跳第一组 3 次滤波器动作。

（4）检查站内一次设备：1 号 SVC、2 号 SVC 整组跳闸，站内 35kV 一电源故障，备自投动作成功，其余一次设备均运行正常。

根据调度命令将 1 号 SVC、2 号 SVC 投入运行，恢复正常。

（5）原因：站内 35kV 电源故障，备自投动作成功，1 号 SVC、2 号 SVC 瞬间失电跳闸。

措施为 SVC 设置可以自动切换一次电源的回路。运行中加强设备巡视检查。变电站外接站用电系统应可靠，确保 SVC 运行中一次电源不间断。

8. 监控运行中变电站 GIS 设备故障母线差动保护动作

（1）现象：10 月 24 日 00 时 11 分，监控中心后台机打出：“330kV M 变电站 330kV BP-2B 型母线差动保护动作、330kV RCS-915E 型母线差动保护动作、330kV 杨 M Ⅱ线 3306 断路器故障跳闸、330kV 宁 M Ⅱ线 3308 断路器故障跳闸；2 号主变高压侧 3302 断路器故障跳闸；330kV Ⅰ、Ⅲ段母联 3313 断路器故障跳闸”及其他异常信息，推出 M 变电站事故画面。监控值班员检查 M 变电站负荷情况：站内其余两台主变已将故障变压器负荷分配带起来，且未过负荷。

注：M 变电站 330kV 母线为双母线接线方式，站内 330kV 及 110kV 一次设备为全 GIS 设备。

（2）处理：监控人员立即一边通知运维站 M 变电站出现以上故障，要求立即赶赴现场检查处理，一边汇总 M 变电站全部故障及异常信息，监视运行主变负荷变化情况。

运维站人员到达 M 变电站检查故障情况：

检查一次设备：330kV 杨 M Ⅱ线 3306 断路器 A 相分闸、B 相分闸、C 相分闸；330kV 宁 M Ⅱ线 3308 断路器 A 相分闸、B 相分闸、C 相分闸；2 号主变高压侧 3302 断路器 A 相分闸、B 相分闸、C 相分闸；330kV Ⅰ、Ⅲ段母联 3313 断路器 A 相分闸、B 相分闸、C 相分闸，GIS 设备各气室压力均正常；其余一次设备正常。

检查二次设备：330kV BP-2B 型母线差动保护动作，故障相别为 B 相。330kV RCS-915E 型母线差动保护动作，故障相别为 B 相。故障录波器测距为 0km，故障相别为 B 相。

判断为 330kV Ⅲ段母线故障。立即据调令将 330kV 杨 M Ⅱ线 3306 断路器恢复至 330kV Ⅰ段母线运行；330kV 宁 M Ⅱ线 3308 断路器恢复至 330kV Ⅱ段母线运行；将 2 号主变转热备用；将 330kV Ⅲ段母线转检修。

10 月 24 日 2 时 10 分由检修试验班人员对 M 变电站故障母线气室进行 330kV GIS 设备 SF_6 湿度、分解产物测试及超声局部放电检测，结论为 330kV GIS Ⅲ段母线由东至西第二个气室分解产物 SO_2、H_2S 气体数据超标，其余气室数据均合格。

接着，变电运检中心试验班人员对 330kV 杨 M Ⅱ线 3306 断路器、宁 M Ⅱ线 3308 断路器、母联 3313 断路器、2 号主变 330kV 侧 3302 断路器 SF_6 气体组分测试，结论为已完成 3306、3308、3313、3302 断路器气室 SF_6 气体组分测试，其中 3306、3313、3302 断路器数据合格，3308 断路器 SO_2 含量为 2.7uL/L，大于规定值，需待复测确认，现场已恢复完毕，一切正常。

对 2 号主变取油样进行实验室分析，结论为 2 号主变本体油样数据合格。

330kV Ⅲ段母线气室气体回收、内部检查。

原因分析：对 330kV Ⅲ段母线气室的 SF_6 气体回收、内部检查，解体内检发现 330kV Ⅲ段母线由东向西第二个气室（母线侧隔离开关气室）SF_6 分解产物 SO_2、H_2S 气体数据超标。母线安装时少配一紧固件，运行一年后，接头其他紧固件松动，接头脱开，造成导电体对外壳弧光放电。母差保护动作，切除故障。

（3）防范措施：厂家在设备出厂时应配足全部零部件。现场安装时技术人员、监理人员、验收人员应按照安装质量要求逐项检查。设备运维单位在线检测部门应按照设备运行周期，定期带电检测 GIS 设备及 SF_6 气体运行数据，以便及时发现设备及气体异常。

9. 监控运行中用户故障导致 330kV 变电站 110kV 母线差动保护动作

（1）事故前运行方式：330kV Z 变电站的 110kV 系统接线方式为双母单分段方式。1 号主变在 110kV 一母运行，2 号主变在 110kV 三母运行，3 号主变冷备用。

（2）现象：5 时 48 分监控人员发现 Z 变电站的 110kV Ⅰ、Ⅲ母线母联 1113 断路器失灵启动 110kV 母差保护动作，跳开了 110kV Ⅰ、Ⅲ母线上的所有出线断路器及Ⅰ、Ⅱ母分段 1112 断路器。由于 110kV Ⅱ母线上没有电源，故 Z 变电站的 110kV 系统全部失压。

（3）监控及调度人员远程处理：省监控人员立即远方拉开 Z 变电站 110kV Ⅱ母线上的所有出线断路器。同时通知运维站赶赴现场检查处理。监控人员根据监视到的 Z 变电站故障信息，通知 84 断路器所属地区调度员。在省调的统一指挥下，省监控中心监控员、地调调度员、地区监控室监控员密切配合，对 330kV Z 变电站所带的 5 座 110kV 变电站及 110kV 重要用户采取紧急负荷转移、转代、备用电源启动投入等方式，恢复对 110kV 变电站及重要用户紧急供电，减少负荷损失、降低事故影响。

（4）84 断路器所带用户变电站汇报：站内 110kV 母线故障，母差保护未动作。

运维人员检查：运维站人员到达无人值守的 330kV Z 变电站，电话联系省监控中心监控员及省调调度员、地调调度员，省监控中心将 Z 变电站事故检查处理权移交给变电站现场。

运维人员接过 Z 变电站事故处理权后，立即检查设备。经过全面检查，Z 变电站一次设备情况：110kV 所有断路器均在断开位置，站内其余所有一次设备运行正常，330kV 1 号、2 号主变空载运行，所有一次设备均无明显故障。故障跳闸和远方拉开的 110kV 断路器 SF_6 压力均正常。

二次设备动作情况：110kV Ⅰ、Ⅲ母母联 1113 断路器失灵启动 110kV 母差保护动作，110kV Ⅰ、Ⅲ母母线上的所有出线断路器保护装置上有跳闸出口信号。运行在 110kV Ⅲ母上的 84 断路器线路保护装置上有距离二段动作信号，故障测距 5.3km。

（5）原因分析：运维人员调取母差保护及 84 断路器线路保护故障信息及保护定值，调取故障录波器录波图及录波信息，综合分析后，确定原因为在用户侧母线故障的情况下，330kV Z 变电站 110kV Ⅰ、Ⅲ母联 1113 断路器失灵启动回路设计错误，在区外故障情况下穿越电流导致 1113 母联断路器失灵启动（电流）元件动作，在断路器失灵启动母差回路引入接点错误的情况下导致母差保护误判 1113 断路器失灵，110kV 母差失灵保护动作，跳开 110kV Ⅰ、Ⅲ母所有断路器，使 110kV 系统失压。用户故障，本应 84 断路器线路保护动作切除故障电流。由于 84 断路器线路保护距离二段定值动作时限比 1113 断路器失灵启动母差保护短，1113 断路器失灵先动作，故 84 断路器保护未来得及动作切除故障。1113 断路器失灵启动母差保护应该有两个判据，即故障电流启动元件接点、线路断路器跳闸接点。这两个判据应为“与”的关系，但 Z 变电站 110kV 母差保护回路设计中仅接入了“故障电流启动元件接点”，未接入“线路断路器跳闸接点”。所以，该事故中尽管 84 断路器线路保护没出口，但因有故障电流这一判据存在，所以 1113 断路器失灵启动母差保护动作跳闸，扩大了事故。

（6）防范措施：在正常运行方式下，应将母联（或分段）断路器保护柜上的“失灵启动母差”硬压板切换至“退出”状态。母联（或分段）断路器保护柜上的“失灵启动母差”“母联（或分段）断路器跳闸压板”“母联（或分段）断路器充电保护投入”硬压板仅在充电时投入，充电结束后一并退出运行。断路器失灵启动母差保护接线图如图 3-2 所示。

对双母线双分段、双母线单分段接线系统的线路、母联（或分段）断路器失灵启动回路进行排查，将失灵启动接点采用的启动（电流）元件全部改为跳闸接点。核查失灵回路的逻辑，失灵启动引出点是否正确；核查保护装置是否还存在无备用出口接点、不满足失灵启动逻辑要求；核查断路器失灵启动母差或相邻断路器及远跳回路接入及连接片投退是否正确；核查变电站母线保护失灵启动回路、接线方式、运行定值是否正确。

对于在主保护退出，线路故障时Ⅱ段及以上后备保护动作的线路进行接线正确性核查；线路保护装置出口接点，是否满足跳闸、启动失灵、解除复压闭锁的功能要求；核查是否按定值单要求对复压闭锁功能连接片进行投退，解除复压闭锁回路是否完善，接点引出是否正确。

10. 500kV X 开关站测试电流导致母差误动

（1）故障前运行方式：500kV X 开关站 500kV 母线为 3/2 接线方式，5022、5023 断路器冷备用。5023 断路器 TA 检修，其余断路器运行，500kV Ⅰ、Ⅱ段母线运行。

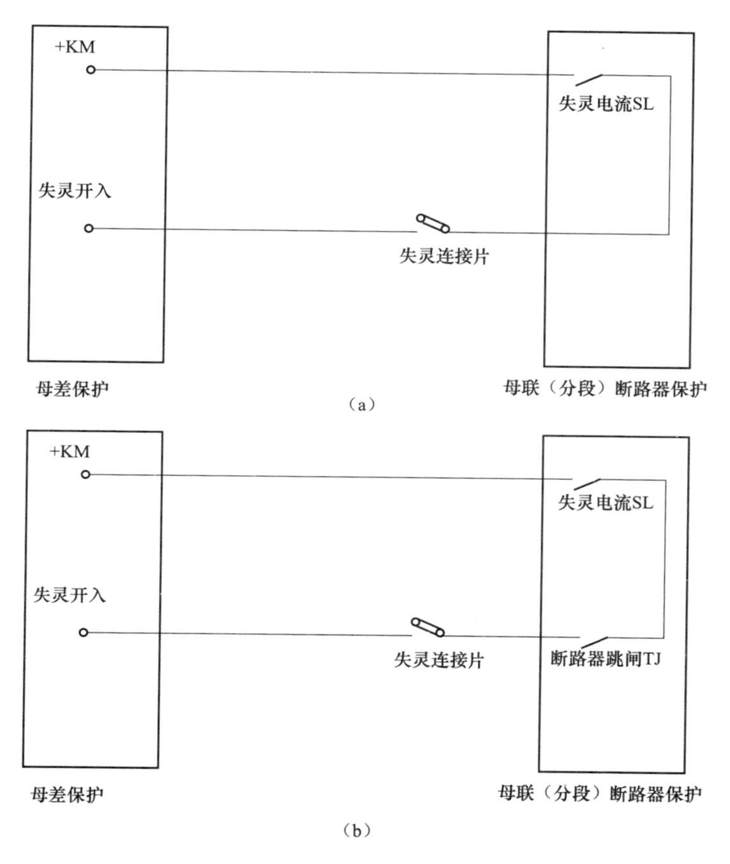

图 3-2　断路器失灵启动母差保护接线图

（a）原接线图；（b）变更后的接线图

（2）现象：21 日 10 时，500kV X 开关站Ⅱ母线 RCS-915E 保护装置动作，在该母线上运行的 5013、5033、5043 断路器跳开。

（3）原因分析：500kV X 开关站更换 500kV XM 线 5023 断路器 TA 后，在端子箱内进行伏安特性测试时，由于 5023 断路器 TA 二次绕组与母差保护之间电流端子连接片未打开，导致测试电流进入母差回路，引起 500kV Ⅱ母 RCS-915E 保护装置动作，5013、5033、5043 断路器跳闸。

（4）防范措施：二次回路作业时，施工作业组织、现场安全措施执行、危险点分析、作业风险控制、安全监督各个环节都要严格层层把关；工程建设、启动、调试、验收各环节应紧密衔接，各专业、各部门协同配合，确保工程安全、保质保量完成；施工方案的编制、审核、执行应不打折扣，安全、技术交底应完备，清楚二次回路接线及二次完成情况。500kV 开关站主接线图如图 3-3 所示。

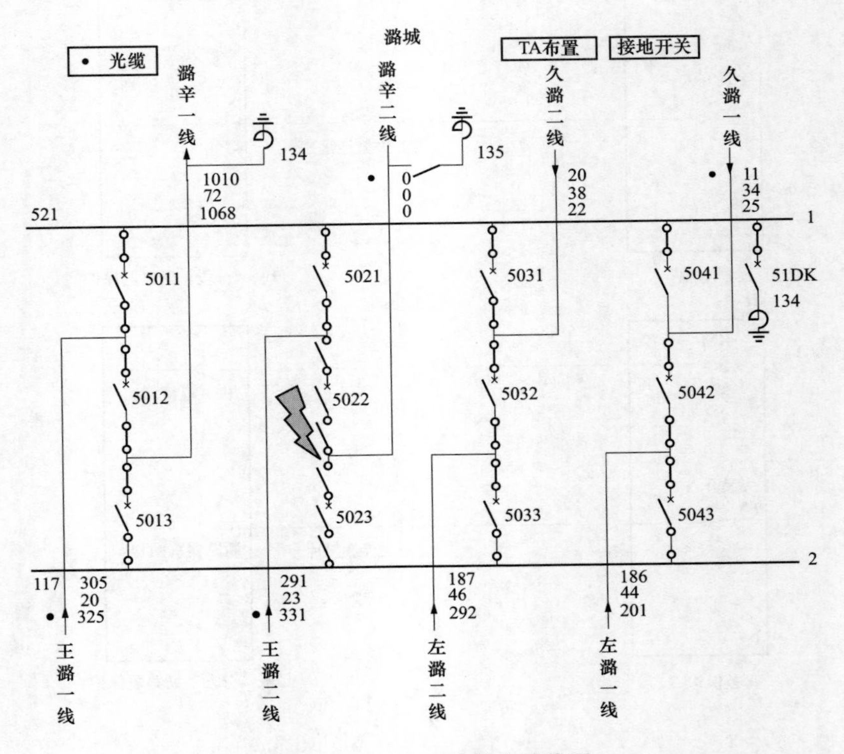

图 3-3　500kV 开关站主接线图

11. 强迫油循环主变冷却器全停导致主变跳闸

（1）现象：13 时 59 分，1 号主变 330kV 侧 3301 断路器、110kV 侧 1110 断路器跳闸（1 号主变低压 35kV 侧未投入），1 号主变失电。

（2）检查处理：监控中心监控员查看相关信息：除了 13 时 59 分收的 1 号主变 3301、1110 断路器跳闸信息、1 号主变冷却器全停跳闸出口信息外，11 时 56 分收到过“1 号主变冷却器Ⅰ组工作电源故障”信号，12 时 54 分收到过“1 号主变冷却器Ⅱ组工作电源故障”信号。由于在此期间另一变电站有跳闸信息，该变电站的异常信息未被及时发现和重视。

运维人员检查 1 号主变冷却器控制箱，发现 1 号主变Ⅰ、Ⅱ组电源故障灯均亮，1 号主变通风全部停止运行。检查通风回路电压断相继电器 ST1、ST2 动作，闭锁两段电源。当时 380V 系统电压为 420V，电压断相继电器整定值为420V。

运维人员立即断开通风回路电压断相继电器ST1、ST2，将电压断相继电器ST1、ST2定值全部调为450V，启动通风回路，投入1号主变，运行正常。

（3）原因分析：站用电电压过高，电压断相继电器动作闭锁。主变跳闸的变电站为新投运变电站，站内没有站用变，站用电由一外接10kV电源提供。10kV线路电压较高，外接站用变为无载调压变压器，主变通风Ⅰ、Ⅱ段电源全部由这一外接站用变提供。所以1号主变通风Ⅰ段电源电压过高时，Ⅰ段通风回路电压断相继电器ST1动作，闭锁Ⅰ段电源。运行1h后，再次闭锁Ⅱ段电源，又过1h后，冷却器全停出口跳闸。

（4）防范措施：电压断相继电器ST动作条件有四个，即电压断相、电压相序错误、电压过高过低、电压回路谐波影响。在运行中应严格控制站用变380V系统电压在330～450V范围内。电压断相继电器ST在投运前，应进行合格校验，该继电器的整定值应严格按照要求整定在准确范围内，防止继电器定值误差较大，导致误动作。

第四章

智能变电站运行维护及异常事故处理

第一节　智能变电站简介

智能变电站是统一坚强智能电网的重要基础和支撑。本章主要介绍智能变电站的设计、调试验收、运行维护、检测评估、故障处理等内容。一般为110kV（包括66kV）及以上电压等级适宜建设智能变电站。

2011年起，国网公司智能变电站进入全面建设阶段。最初采用“常规一次设备本体＋智能组件”实现一次设备智能化，智能组件主要包括智能终端、状态监测IED等，采用“常规互感器＋模拟量输入合并单元”实现数字化采样。目前新一代智能变电站已经全面采用合并单元、智能终端等新设备，保证智能变电站安全可靠运行。

一、智能变电站基本组成及技术要求

1. 智能变电站的组成

智能变电站指采用先进、可靠、集成、低碳、环保的智能设备，以全站信息数字化、通信平台网络化、信息共享标准化为基本要求，自动完成信息采集、测量、控制、保护、计量和监测等基本功能，并根据需要支持电网实时自动控制、智能调节、在线分析决策、协同互动等高级功能，实现与相邻变电站、电网调度等互动的变电站。包括智能组件、测量单元、控制单元、保护单元、计量单元、状态监测单元、智能设备、全景数据、站域控制、顺序控制、站域保护等。

智能组件指对一次设备进行测量、控制、保护、计量、检测等的一个或多个二次设备集合。

测量单元是实现对一次设备各类信息采集功能的元件。

控制单元是接收、执行指令，反馈执行信息，实现对一次设备控制功能的元件。

保护单元用来实现对一次设备保护功能的元件。

计量单元作用是实现电能量计量功能的元件。

状态监测单元主要实现对一次设备状态监测功能的元件。

智能设备是一次设备与其智能组件的有机结合体，两者共同组成一台（套）完整的智能设备。

全景数据指反映变电站电力系统运行的稳态、暂态、动态数据及变电站设备运行状态、图像等的数据的集合。

顺序控制指发出整批指令，由系统根据设备状态信息变化情况判断每步操作是否到位，确认到位后自动执行下一指令，直至执行完所有指令。

站域控制是指通过对变电站内信息的分布协同利用或集中处理判断，实现站内自动控制功能的装置或系统。

站域保护是一种基于变电站统一采集的实时信息，以集中分析或分布协同方式判定故障，自动调整动作决策的继电保护。

远程巡视是在监控中心、集控站等进行巡视，主要利用图像监控设备和一体化监控系统完成对设备外观、周边环境、系统异常、故障及预警信息的日常巡视。

智能电子装置简称IED，是一种带有处理器、具有以下全部或部分功能的一种电子装置：①采集或处理数据；②接收或发送数据；③接收或发送控制指令；④执行控制指令。如具有智能特征的变压器有载分接开关的控制器、具有自诊断功能的现场局部放电监测仪等。

采样值指采样数据值，包括从合并单元到间隔层设备的采样数据，也可简写为SV。

通用面向变电站事件对象（GOOSE，Generic Object Oriented Substation Events）：主要用于实现在多IED之间的信息传递，包括传输跳合闸信号（命令），具有高传输成功概率。

过程层是一次设备与二次设备的结合面，包括变压器、断路器、隔离开关、电流/电压互感器等一次设备及其所属的智能组件以及独立的智能电子装置，主要完成与一次设备相关的功能，如开入量、数字量的采集以及控制命令的执行等。

间隔层由测控装置、继电保护装置、间隔层网络设备以及与站控层网络的接口设备等构成，面向单元设备的就地测量控制层。

站控层由主机、操作员站、远动工作站、继电保护工作站等构成，面向全变电站进行运行管理的中心控制层。

虚端子：GOOSE、SV 输入输出信号为网络上传递的变量，与传统屏柜的端子存在着对应的关系，为便于形象地理解和应用 GOOSE、SV 信号，将这些信号的逻辑连接点称为虚端子。

2. 对智能变电站的技术要求

智能变电站应以高度可靠的智能设备为基础，实现全站信息数字化、通信平台网络化、信息共享标准化、应用功能互动化。智能变电站设备应具有信息数字化、功能集成化、结构紧凑化、状态可视化等主要技术特征，符合易扩展、易升级、易改造、易维护的工业化应用要求。智能变电站的设计及建设应按照三道防线要求，满足三级安全稳定标准；继电保护满足选择性、速动性、灵敏性、可靠性的要求；智能变电站的测量、控制、保护等单元、后台监控功能应满足相关要求；站内全景数据的统一信息平台，供系统层各子系统统一数据标准化规范化存取访问以及和调度等其他系统进行标准化交互；应满足变电站集约化管理、顺序控制、状态检修等要求，可与调度、相邻变电站、电源（包括可再生能源）、用户之间的协同互动，支撑各级电网的安全稳定经济运行。

二、智能变电站体系结构

（1）智能变电站分为设备层和系统层两层。

设备层包含由一次设备和智能组件构成的智能设备，实现过程层、间隔层功能。

系统层包含自动化系统、站域控制、通信系统、对时系统等子系统，实现站控层功能。

设备智能化和高级功能是智能变电站的两个重要特征。智能变电站基于设备智能化的发展和高级功能的实现，可分为设备层和系统层，如图 4-1 所示，该图设备层与系统层的网络仅为示意图，其逻辑上还包含了过程层网络、间隔层网络、站控层网络，其物理上可以是一个或多个网络。其划分依据是智能变电站的功能特征。

（2）设备智能化发展的三个阶段如图 4-2 所示。

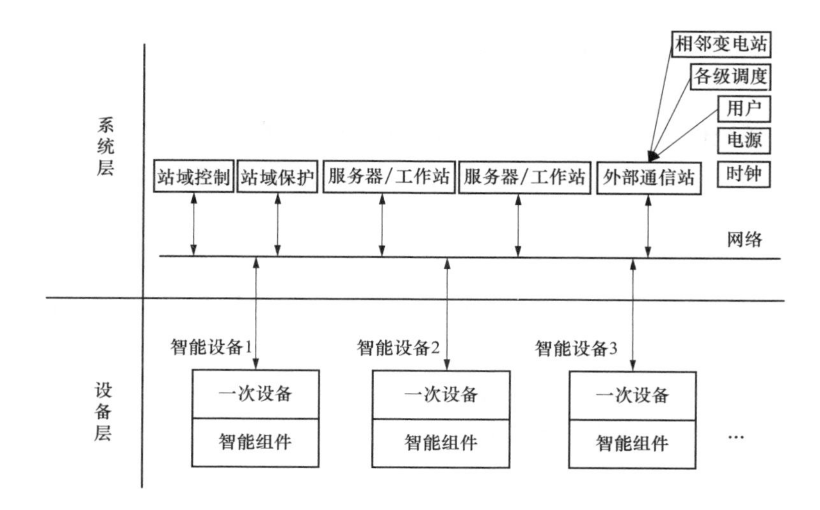

图 4-1　智能变电站体系结构示意图

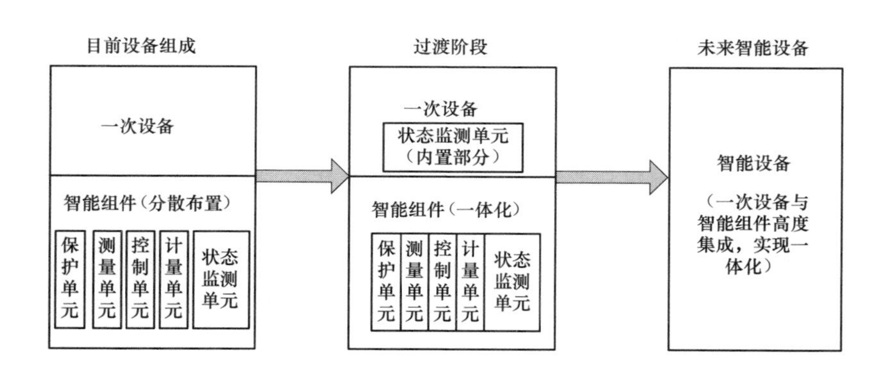

图 4-2　设备智能演变示意图

1. 智能变电站设备层

（1）设备层技术要求。设备层完成变电站电能分配、变换、传输及其测量、控制、保护、计量、检测等相关功能。

智能组件是灵活配置的物理设备，可包含测量单元、控制单元、保护单元、计量单元、检测单元中的一个或几个。

测控装置、保护装置、状态检测组件等均可作为独立的智能组件。

（2）设备层功能要求。

1）一次设备应具备高可靠性，其外绝缘宜采用复合材料，与当地环境相适应。信号传变、数据采集时，宜将压力、油位等直接反映设备运行状况的模拟量数字化，满足各种应用对数据采集精度、频率的要求，并以网络方式送出。宜采用电子式互感器，并应尽可能考虑互感器与一次设备集成。

2）智能组件的基本功能包括采集与控制系统宜就地设置，与一次设备一体化设计安装时应适应现场电磁、温度、湿度、沙尘、振动等恶劣运行环境；具备异常时钟信息的识别防误功能，同时具备一定的守时功能；具备参量自检测、就地综合评估、实时状态预报、自诊断、自恢复功能，设备故障可自动定位，相关信息能以网络方式输出；有标准化的物理接口及结构，具备即插即用功能；将测量、控制、计量、保护和检测等功能进行一体化设计，集成到统一的硬件平台上，但不同功能区应有足够绝缘强度的电气隔离功能；采用测控、保护一体化设备，装置可分散就地安装；通信网络的延时情况并采取措施，不能影响相关智能组件（特别是保护）的功能及性能要求；支持在线调试功能；可通过智能组件对站内主要设备的健康状况和变化趋势作出综合评估。智能组件除具备以上基本功能外，每个组成单元还应该具备各自相应的功能。

3）智能组件的测量单元功能应实现统一断面实时数据的同步采集，提供带精确绝对时标的电网数据；宜采用基于三态数据（稳态数据、暂态数据、动态数据）综合测控技术，进行全站数据的统一采集及标准方式输出；满足测量输出数据与被测电力参量在较大频谱范围内的响应一致性要求；宜具备电能质量的数据测量功能。

4）智能组件的控制单元功能应具备全站防止电气误操作闭锁功能；同期电压选择功能；本间隔顺序控制功能；遥控回路采用两级开放方式抗干扰；支持紧急操作模式的功能。

5）智能组件的保护单元功能应遵守继电保护基本原则，通过网络通信方式接入电流、电压等数值和输出控制信号，信号的输入及输出环节的故障不应导致保护误动作，并应发出告警信号；保护单元应不依赖于外部对时系统实现其保护功能；双重化配置的两套保护，其信息输入输出环节应完全独立；当采用电子式互感器时，应针对电子式互感器特点优化相关保护算法、提高保护动作性能；纵联保护宜支持一端为电子式互感器另一端为常规互感器或两端均为电子式互感器的配置形式。

6）智能组件通信单元功能宜采用完全自描述的方法实现站内信息与模型的交换；具备对报文丢包及数据完整性甄别功能；网络上的数据应分级，具备优先传送功能，并计算和控制流量，满足在全站电力系统故障时保护与控制设备正常运行的需求；宜按照 IEC 62351 要求，采用信息加密、数字签名、身份认证等安全技术，满足信息通信安全的要求。

2. 智能变电站系统层

（1）系统层技术要求。面向全站或一个以上一次设备，通过智能组件获取并综合处理变电站中关联智能设备的相关信息，按照变电站和电网安全稳定运行要求，控制设备层协同完成多个应用功能；完成数据采集和监视控制（SCADA）、操作闭锁、同步相量采集与集中、电能量采集、备自投、低压/低频解列、故障录波、保护信息管理等相关功能；各项功能应高度集成一体化，并根据变电站电压等级和复杂程度，可集成在一台计算机或嵌入式装置运行，也可分布在多台计算机或嵌入式装置运行；智能变电站数据源应统一、标准化，实现网络共享；智能设备之间应实现进一步的互联互通，支持采用系统级的运行控制策略；智能变电站自动化系统采用的网络架构应合理，可采用环形、星型或混合型网络，网络冗余方式宜符合要求。

（2）系统层应具备基本功能和高级功能。系统层基本功能要求具备顺序控制、站内状态估计、与主站系统通信、同步对时系统通信系统、电能质量评估与决策系统、区域集控功能、防误操作、配置工具、源端维护、网络记录分析系统功能。

系统层高级功能要求具备设备状态可视化、智能告警及分析决策、故障信息综合分析决策、支撑经济运行与优化控制、站域控制、站域保护、与外部系统交互信息功能。

3. 辅助设施功能

（1）视频监控功能要求站内配置视频监控系统并可远传，与站内监控系统在设备操控、事故处理时协同联动，并具备设备就地、远程视频巡检及远程视频工作指导的功能。

（2）安防系统功能要求配置灾害防范、安全防范子系统，告警信号、量测数据宜通过站内监控设备转换为标准模型数据后，接入当地后台和控制中心，留有与应急指挥信息系统的通信接口。配备语音广播系统，实现设备区内流动人员与集控中心语音交流，非法入侵时能广播告警。

（3）照明系统要求采用高效光源和高效节能灯具以降低能耗，事故应有应急照明。有条件时，可采用太阳能、地热、风能等清洁能源供电。

（4）站用电源系统要求全站直流、交流、逆变、UPS、通信等电源一体化设计、一体化配置、一体化监控，其运行工况和信息数据能通过一体化监控单元展示并转换为标准模型数据，以标准格式接入当地自动化系统，并上传至远方控制中心。

(5) 辅助系统优化控制要求具备变电站设备运行温度、湿度等环境定时检测功能，实现空调、风机、加热器的远程控制或与温湿度控制器的智能联动，优化变电站管理。

(6) 智能变电站设计原则为设备层与系统层的设计选型应满足安全可靠的原则，采用符合智能变电站高效运行维护要求的结构紧凑型设备，减少设备重复配置，实现功能整合、资源和信息共享。

变电站布置应简化智能变电站总平面布置（包括电气主接线、配电装置、构支架等），节约占地，节能环保；减少占地和建筑面积，合并相同功能的房间；合理减少机房、主控楼等建筑的面积，节约投资；结合智能变电站电缆减少，光缆增加的情况，采用合理的电缆沟截面；网络设备可灵活配置，合理配置交换机数量，降低网络总成本。

第二节　智能变电站管理

一、设备台账管理

1. 设备台账建立

在智能变电站建设过程中，应建立健全智能变电站各类设备台账和技术资料，包含配置文件 SCD、ICD、CID 等电子文档。

各类设备的台账资料项目应齐全，以国网公司 PMS（生产管理系统）设备台账参数要求为参考标准。结合智能变电站特点，建立每个智能变电站的电子及纸质台账。

(1) 合并单元。设备类型按继电保护类。合并单元按对应的断路器、主变、母线间隔按台建立台账；命名按照“电压等级＋设备间隔名称编号＋合并单元类型＋合并单元＋组别号（A 或 B 组）”，例：“220kV ×××断路器合并单元 A 组”。

(2) 智能终端。设备类型按继电保护类。智能终端按对应的断路器、主变间隔按台建立台账。命名按照“电压等级＋设备间隔名称编号＋智能终端＋组别号（A 或 B 组）”，例：“220kV ×××断路器智能终端 A 组”。

(3) 保护测控一体化装置。设备类型按继电保护类。保护测控一体化装置按对应的断路器、主变单元中按台建立台账。命名按照“设备间隔名称编号＋

保护测控装置+组别号（A或B组）”，例：“1号主变保护测控装置A组”。

（4）在线监测设备。设备类型按一次设备类。按间隔配置的在线监测设备按间隔建立台账，跨间隔配置的在线监测系统单独建立台账。单间隔在线监测设备命名按照“设备间隔名称编号+在线监测设备”，例：“1号主变在线监测设备”。跨间隔在线监测系统命名按照“电压等级+设备名称+在线监测系统+编号”，例：“220kV断路器状态在线监测系统第1套”。

（5）屏柜。线路保护测控二次屏柜、交换机屏柜纳入屏柜单元，按屏柜建立台账。命名按照“线路、断路器或主变名称编号+保护测控屏+（组别号）”，智能控制柜命名应涵盖对应所有设备名称编号。

2. 现场运行规程编写

智能变电站现场运行规程编制，除具备常规变电站内容外，还应增加以下内容：

（1）全站网络结构：站控层、间隔层、过程层的网络结构和传输报文的形式，及网络出现异常情况时的处理方法。

（2）电子互感器的编写：电子互感器的作用及组成、设备技术参数、运行巡视检查维护项目、投运和检修的验收项目、正常运行操作注意事项、异常情况及事故处理。

（3）智能组件的编写：系统功能介绍及构成、各部分功能的使用操作说明、主要技术参数及运行标准、日常巡视维护内容、事故异常及处理方案，保护软硬压板的逻辑关系。合并单元、智能电子装置的网络连接方式、运行巡视检查项目和操作方法及注意事项。

（4）一体化监控系统的编写：一体化监控系统系统介绍及构成，网络连接、测控装置作用。后台机功能介绍及高级应用的功能介绍，运行操作注意事项及异常处理方法。

（5）一体化电源系统：一体化电源系统介绍及构成、各部分功能的使用操作说明、主要技术参数及运行标准、日常巡视维护内容、事故异常及处理方案。

（6）智能辅助控制系统：辅助电源、环境智能化监测、智能巡检系统、辅助系统优化控制、安防系统、照明系统、视频监控等设备技术参数、运行巡视检查维护项目、正常运行操作注意事项、异常情况及事故处理运行管理。

二、资料管理

1. 智能变电站应具备规程

除常规变电站应具备的法规、规程，还应具备以下要求：

智能变电站技术导则；

高压设备智能化技术导则；

变电站智能化改造技术规范；

智能变电站继电保护技术规范；

智能变电站改造工程验收规范。

2. 智能变电站应具备图纸、图表

除常规变电站应具备的图纸、图表，还应具备表4-1中的图表。

表4-1　智能变电站应增加图纸、图表

序号	图纸、图表名称	序号	图纸、图表名称
1	一体化电源负荷分布图	11	站内VLan、IP及MAC地址分配列表
2	在线监测传感器配置分布图	12	交换机端口分配表及电（光）缆清册
3	监控系统方案配置图	13	屏柜配置表
4	网络通信图	14	网络流量计算结果表
5	换机接线图	15	智能电子设备的配置文件和配置软件
6	保护配置逻辑框图	16	完整的SCD内容
7	功能互操作图	17	系统操作及维护权限和密码
8	逻辑信号图	18	在线监测系统的报警值
9	VLan配置表	19	GOOSE配置表
10	SV配置表		

三、智能变电站操作管理

1. 顺序控制操作

（1）运维站应制定有关顺序控制的操作管理规定。

（2）采用顺序控制方式进行倒闸操作时，应严格执行顺序控制典型操作票。

（3）顺序控制典型操作任务和操作票需要经过各运行管理单位生产分管领导审批。

（4）顺序控制典型操作任务和操作票应备份，由专人保存。

（5）顺序控制典型操作票必须经过现场模拟操作，验证正确后方可使用。

（6）变电站改（扩）建、设备变更、设备名称改变时，应同时修改顺序控制典型操作票，并重新履行审批手续，同时完成顺序控制典型操作票的变更、固化。

（7）实行顺序控制时，顺序控制设备应具备电动操作功能。

(8) 顺序控制操作票应严格按照《安规》有关要求，根据智能变电站设备现状、接线方式和技术条件进行编制，符合五防逻辑要求。顺序控制操作票的编制要严格例行审批手续，不能随意修改。当变电站设备及接线方式变化时应及时修改。

(9) 顺序控制操作前应核对设备状态并确认当前运行方式，符合顺序控制操作条件。

(10) 在远方或变电站监控后台调用顺序控制操作票时，严格核对操作指令与设备编号，顺序控制操作应采用“一人操作一人监护”的模式。

(11) 进行顺序控制的操作时，继电保护装置应采用软压板控制模式。

(12) 顺序控制操作完成后，应检查操作结果的正确性。对一次设备可采用查看一次设备在线监测可视化信息是否正确的方式进行核对。

(13) 运行人员在顺序控制操作前应确认当前运行方式符合顺序控制操作条件。

(14) 在顺序控制操作过程中，如果出现操作中断，运行人员应立即停止顺序控制操作，现场检查操作中断的原因，未确定原因前，不得继续顺序控制操作。

(15) 顺序控制操作中断后，如需转为常规操作，应根据调度命令按常规操作要求重新填写操作票。若设备状态已发生改变，应在已操作完步骤下边一行顶格加盖“已执行”章，并在备注栏内写明顺控操作中断时的设备状态和中断原因。

(16) 在顺序控制操作全部结束后，运维人员应检查所有一、二次设备无异常后，结束此次操作。

2. 顺序控制操作中断处理原则

(1) 顺序控制操作中断时，应做好操作记录并注明中断原因，待处理正常后方能继续进行。

(2) 若设备状态未发生改变，应查明原因并排除故障后继续顺控操作；若无法排除故障，可根据情况改为常规操作。

(3) 在远方进行顺控操作时，由于通信原因设备状态未发生改变，可转交现场监控后台继续顺控操作。

3. 软压板及定值操作

智能变电站设计硬压板较少，保护启动及出口功能主要以软压板方式控制。因此软压板操作的正确性尤为重要。

（1）运维人员和监控人员的软压板操作应在一体化监控系统实现后，操作前应在监控画面上核对软压板实际状态，操作后应在监控画面及保护装置上核对软压板实际状态。

（2）正常运行时保护装置远方修改定值压板应在退出状态，远方控制压板应在投入状态，远方切换定值区压板应在投入状态，运维人员不得改变压板状态。

（3）正常运行时智能组件严禁投入“置检修”压板，运行人员不得操作该压板。

（4）运维人员定值区切换操作应在一体化监控系统上进行。操作前应在监控画面上核对定值实际区号，操作后应在监控画面及保护装置上核对定值实际区号，切换后打印核对。

（5）检修人员修改定值只允许在装置上进行，禁止在一体化监控系统上更改。

（6）实行软压板控制模式的智能变电站，运维人员可采用“远方/后台”操作。操作前、后均应在监控画面上核对软压板实际状态。禁止非专业人员在保护装置上进入定值修改菜单进行软压板投退。

（7）检修人员在保护装置上修改/切换定值区后，应与运行人员共同核对。

（8）非保护专业运维人员不得操作投退保护定值，修改“远方/就地”控制压板、保护检修压板。

（9）间隔设备检修时，应退出本间隔保护失灵启动软压板、母差装置本间隔投入软压板。操作后应在“后台/就地”及时核对。

（10）正常运行时智能组件“检修压板”应置于退出位置，运行人员不得操作该压板。设备投运前应检查间隔各智能组件检修压板已退出。

（11）禁止通过投退智能终端的断路器跳合闸压板的方式投退保护。

4. 防误闭锁系统管理

（1）运维站应制定有关智能变电站的防误闭锁装置管理制度。

（2）安装独立微机防误闭锁系统的智能变电站，防误闭锁系统管理与常规变电站相同。

（3）一体化监控系统应完成防误闭锁功能。

（4）一体化监控系统中防误闭锁逻辑应由运行部门提供，经过审核批准，由一体化监控系统维护人员导入。

（5）防误闭锁逻辑软件升级、修改，应严格履行审批手续。

四、智能变电站巡视管理

1. 巡视检查总要求

（1）应根据智能变电站性质编制相应的巡视标准化作业指导书，并严格执行。

（2）设备巡视分为正常巡视、全面巡视、熄灯（夜间）巡视、特殊巡视、远程巡视。

（3）进行远程巡视的变电站，可适当调整正常巡视的内容和周期。根据设备智能化程度、设备状态远方可视化程度，可进行远程巡视，并根据实际情况延长现场巡视周期。

（4）巡视时检查一体化监控系统功能、工况。

（5）运维站应定期检查在线监测系统的运行状况，及时发现和消除在线监测系统的运行缺陷，并做好相关记录工作。

（6）加强在线监测系统的监视和数据管理，包括设备状态参量的监视跟踪、监测数据的存储和备份等。检查监测数据是否在正常范围内，如有异常应向设备检修管理部门及时汇报。

（7）设备巡视记录应规范填写，发现问题及时汇报。

（8）定期开展变电站设备状态分析，形成报告，作为状态检修的依据。

（9）定期依据离线、带电检测数据，及时对在线监测系统数据的准确性和重复性进行比对分析，发现问题，及时处理。

（10）检查分析网络记录分析装置记录的事项，检查智能装置通信状况、网络运行情况。

（11）智能化变电站一次设备、二次系统设备、通信设备、计量设备、站用电源系统及辅助系统设备的日常巡视工作由运行专业负责。

（12）设备在线监测和状态可视化程度完善的智能变电站，采用远程巡视代替常规巡视。

（13）不满足远程巡视条件的智能变电站，设备巡视应结合一般变电站设备巡视周期进行。

（14）有人值班智能变电站每天或每值巡视一次；无人值班智能变电站，原则上为110kV及以上变电站每周至少1次。

（15）异常天气、特殊运行方式、电网及设备异常等特殊情况下，应根据需要增加现场巡视次数。

（16）发生事故、重大异常、防汛抗台、火灾、水灾、地震、人为破坏、灾害性天气、重要保电任务、远动通道中断等情况都视为特殊状态。发生特殊状态时，运行人员应首先进行远程巡视，了解变电站的运行环境和设备状况，并将检查情况向相关部门汇报，必要时安排运行人员到变电站现场进行相关工作。

2. 现场巡视

（1）电子式互感器外观巡视应检查无损伤、无闪络、无发热、无锈蚀、无异响、无异味现象，各引线导线无脱落。结合设备巡视，对有源式电子互感器应重点检查供电电源、光源工作正常。

（2）智能在线监测装置现场检查外观正常、电源指示正常，各种信号显示正常。巡视油气管路接口无渗漏，电（光）缆的连接无脱落。

（3）继电保护设备应检查外观正常、各指示灯指示正常，液晶屏幕显示正常无告警。每月查看核对硬压板、控制把手位置。查看保护测控一体化装置的五防联锁把手（钥匙、压板）确认在投入位置。

（4）现场巡视交换机外观正常、电源指示正常，风扇运行正常，温度正常，无告警；巡视时禁止触碰交换机上的各类按键。

（5）现场巡视对时系统：电源及各种指示灯正常，无告警。查看保护装置的时钟与对时系统同步正常。查看主、备机运行状态符合运行方式要求。

（6）现场巡视监控系统运行正常。各连接设备（系统）通信正常，设备信息刷新正常。数据服务器、监控后台、远动设备等运行正常。

（7）合并单元现场巡视：检查外观正常、无异常发热、电源指示正常，无告警。各间隔电压切换运行方式指示与实际一致。

（8）智能终端现场巡视：检查外观正常、无异常发热、电源指示正常，压板位置正确、无告警信息。

（9）智能控制柜现场巡视柜内温湿度控制器工作正常，温湿度满足设备现场运行要求。检查智能控制柜密封良好，无进水受潮，柜内各装置运行正常，附件无异常现象。

（10）站用电源系统站用电源系统（一体化电源）监测单元数据显示正确，无告警，交直流系统各表计指示正常，各出线开关位置正确。

（11）现场巡视检查外观正常、各指示灯指示正常，液晶屏幕显示正常无告警。查看空开、控制把手位置正确，蓄电池组外观无异常、无漏液。

（12）现场巡视：辅助系统中各设备（系统）的现场设备无损伤。包括图像监控系统视频探头、烟感探头、红外对射、空调风机等。

3. 远程巡视内容

(1) 监控后台、在线监测系统主机监测数据检查在线监测数据正常、通信状态正常、无告警信息。

(2) 避雷器在线监测系统，宜在监控后台定期查看避雷器动作次数及泄漏电流，并与历史数据进行比较。

(3) 在远方监控后台每值查看保护设备告警信息、保护通信状态；定期查看核对软压板控制模式及压板投退状态，定期核对定值区位置。

(4) 远程巡视时重点检查测控装置“SV 通道”“GOOSE 通道”信号正常。

(5) 在监控后台上每值查看交换机计算机系统网络运行正常，网络记录仪无告警。

(6) 在远方监控后台每值查看站用电源系统告警信息。每值查看站用电源系统通信状态。定期查看站用电源系统工作状态及运行方式。定期查看蓄电池电压正常，查看直流模块告警、绝缘监察装置信息及直流接地告警。

(7) 远程巡视辅助系统各设备通信正常，后台显示正常，数据正常无越限、无告警。对于装设有红外测温在线监测及大电流桩头温度检测系统的红外测温辅助系统，应定期检查系统运行状况和数据传输情况。

五、智能变电站缺陷管理

1. 缺陷管理

(1) 运维站按照智能化变电站智能设备的功能及技术特点，依据国网公司缺陷定性标准，制订和完善智能设备缺陷定性和分级，使运行人员及专业维护人员了解设备缺陷的危急程度，及时处理，保障设备安全运行。

(2) 智能设备缺陷分为危急、严重和一般缺陷三类。监控人员远程巡视时，发现缺陷后由运维人员现场实际核对后定性、上报。运维人员巡视中发现的缺陷自行定性、上报。

2. 智能设备的危急缺陷

(1) 电子互感器故障（含采集器及其电源）；

(2) 保护装置、保护测控一体化装置故障或异常；

(3) 纵联保护装置通道故障或异常；

(4) 合并单元故障；

(5) 智能终端故障；

（6）GOOSE 断链、SMV 通道异常报警，可能造成保护不正确动作的；
（7）过程层交换机故障；
（8）其他直接威胁安全运行的缺陷。
3. 智能设备的严重缺陷
（1）GOOSE 断链、SMV 通道异常报警，不会造成保护不正确动作的；
（2）对时系统异常；
（3）智能控制柜内温控装置故障，影响保护装置正常运行的；
（4）监控系统主机（工作站）、站控层交换机故障或异常；
（5）远动设备与上级通信中断；
（6）装置液晶显示屏异常；
（7）其他不直接威胁安全运行的缺陷。
4. 智能设备的一般缺陷
智能设备的一般缺陷指除危机缺陷和严重以外的缺陷，主要包括：
（1）智能控制柜内温控装置故障，不影响保护装置正常运行的；
（2）在线监测系统故障；
（3）网络记录仪故障；
（4）辅助系统故障或通信中断；
（5）其他不危及安全运行的缺陷。

第三节　智能变电站运行维护

一、智能变电站辅助系统运行维护

1. 视频监控维护
（1）定期巡视视频监控系统，包括视频监控主机、电子围栏等设备。
（2）定期检查站内摄像机等图像监控系统设备，定期测试视频联动及智能分析等功能的运行情况发现故障及时处理，确保其运行完好。
2. 安防系统运行维护
（1）运行人员定期巡视智能监控系统，测试系统功能，发现异常及时处理，不能立即处理及时上报。
（2）运行人员应定期巡视火警监测装置配置的传感器，确保其运行完好。应定期检查、试验报警装置的完好性，发现故障及时上报处理。

（3）危急情况下能够解除门禁，迅速撤离。门卡的使用权限应经运行管理部门批准，由运行人员监督使用。

3. 照明系统

（1）定期检查测试与视频监控等子系统的联动功能正常。

（2）定期检查各种照明灯具，发现缺陷及时处理或上报。

二、智能变电站设备验收

1. 设备验收准备

从优化设备设计选型、严格设备检测、加强招标采购管理、抓好外协配套器件备案管理等方面，在验收过程中对电子式互感器、智能高压设备、一体化监控系统等新研发智能变电站关键设备（简称“关键设备”）的质量管控，加快建设系统高度集成、结构布局合理、技术装备先进、经济节能环保的新一代智能变电站。

（1）对新建及改造智能变电站的验收，按照DL/T 782—2001《110kV及以上送变电工程启动及竣工验收规程》、Q/GDW 214—2008《变电站计算机监控系统现场验收管理规程》、Q/GDW 580—2010《智能化变电站改造工程验收规范》等文件，编制验收细则，并根据需要向厂家征求需补充的验收内容。

（2）在变电站投运前运维验收人员应搜集整理相关智能设备操作手册及运行说明书。包括系统配置文件、GOOSE配置图、全站设备网络逻辑结构图、信号流向、智能化设备技术说明等技术资料；系统集成调试及测试报告；设备现场安装调试报告（在线监测、智能组件、电气主设备、二次设备、监控系统、辅助系统等）；在线监测系统报警值清单及说明。

（3）运行维护单位应根据智能化变电站智能设备特点配置：数字化继电保护测试仪、电子互感器校验仪、光纤测试仪、数字化相位仪、数字化万用表、光纤熔接机等仪器设备。智能变电站中保护交流采样通过合并单元实现，保护跳闸通过智能终端实现，合并单元和智能终端等智能二次设备的质量，直接关系到继电保护等二次系统的可靠运行，尤其是一个合并单元给多个保护传送采样值，一旦出现故障将导致多个保护不正确动作。

（4）在新建智能变电站设备采购、验收、调试过程中，各单位要严格相关设备质量管理，采用检验合格产品型号。设备招标文件中，应明确投标方须提供检验合格的合并单元、智能终端、合并单元智能终端集成装置型号。

（5）举例。

某特高压直流输电工程在进行人工短路试验期间，该电网一座500kV智能变电站发生500kV主变差动保护、220kV母线差动保护、220kV部分线路差动保护不正确动作，导致该500kV变电站2号主变、220kV北母、220kV ABⅠ、ABⅡ两条线路跳闸。

保护动作原因是该500kV智能变电站继电保护设备采用“常规互感器+合并单元”采样模式，所采用的模拟量输入式合并单元，因供应商将内部软件延时参数设置错误，导致交流电流采样数据不同步，在发生区外故障时刻，相关差动保护感受到差流，进而引发保护装置误动作。

该变电站500kV系统故障录波器中所有电流波形滞后于电压波形一个周波。2号主变保护录波图显示，2号主变中压侧电流波形比高压侧电流波形滞后一个周波。220kV母线保护录波图显示，有两条220kV线路电流波形均滞后2号主变中压侧开关一个周波。

对合并单元进行现场测试，试验对象选择2号主变中压侧合并单元MU1，2号主变中压侧TA的第一套变压器保护用绕组和第一套母差保护用绕组分别引入MU1，试验中从合并单元MU1电流输入端子同时对两个绕组回路加入相同的交流电流量，发现MU1输出的变压器保护用和母差保护用的两个数字量存在一个周波（20ms）的延时，即同一合并单元自身传输的两路相同的交流量之间存在不同步问题，变压器保护用TA回路采样滞后。测试发现本间隔MU2也存在相同问题。

2. 验收注意事项

（1）交换机、合并单元等智能电子设备应可靠接地。

（2）开关设备本体加装的传感器（含变送器）安装应牢固可靠，气室开孔处应密封良好。各类监测传感器防护措施良好，不影响主设备的电气性能和接地。

（3）电子式互感器工作电源在加电或失电瞬间，工作电源在非正常电压范围内，不应输出错误数据导致保护系统的误判和误动。有源电子式互感器工作电源切换时应不输出错误数据。

（4）电子式互感器与合并单元通信应无丢帧，同步对时和采样精度满足要求。

（5）在线监测各IED功能正常，各监测量在监控后台的可视化显示数据、波形、告警正确，误差满足要求，并具备上传功能。

（6）检查顺序控制软压板投退、急停等功能正常。视频联动功能及可视化操作功能正常。

（7）检查高级应用中智能告警信息分层分类处理与过滤功能正常，辅助决策功能正常。

（8）辅助系统中各系统与监控系统、其他系统联动功能正常。

3．智能变电站继电保护验收

由智能变电站的设备及运行特点决定了其保护及自动化系统的验收成为重中之重。在这里特别讲述智能变电站继电保护的验收，以便对智能变电站进行更全面、更细致地验收，确保智能变电站安全稳定运行。

（1）智能变电站继电保护技术要求。

1）智能变电站中所使用的合并单元与智能终端装置应为国网公布的检测合格产品；

2）智能变电站中的合并单元、光纤连接、智能终端、过程层网络交换机等设备内任一个元件损坏，除出口继电器外，不应引起保护误动作跳闸；

3）保护应直接采样，对于单间隔的保护应直接跳闸，涉及多间隔的保护（母线保护等）宜直接跳闸。对于涉及多间隔的保护（母线保护），如确有必要采用其他跳闸方式，相关设备应满足保护对可靠性和快速性的要求；

4）继电保护设备与本间隔智能终端之间通信应采用 GOOSE 点对点通信方式；继电保护之间的联闭锁信息、失灵启动等信息宜采用 GOOSE 网络传输方式；

5）330kV 及以上电压等级继电保护系统应遵循双重化配置原则，每套保护系统装置功能独立完备、安全可靠，双重化配置的两个过程层网络应遵循完全独立的原则；110kV 变压器电量保护宜按双套配置，双套配置时应采用主、后备保护一体化配置；若主、后备保护分开配置，后备保护宜与测控装置一体化；

6）110kV 及以上电压等级的过程层 SV 网络、过程层 GOOSE 网络、站控层 MMS 网络应完全独立，继电保护装置接入不同网络时，应采用相互独立的数据接口控制器；

7）保护装置电流 TA 回路的选择应避免造成保护死区，如无法避免保护死区，应制定相应的安全措施。

（2）验收过程中调试。

1）调试工具通过连接智能组件导入智能组件模型配置文件，自动产生智能组件所需的信息文件，自动检测智能组件的输出信息流。调试工具具备电力系统动态过程的仿真功能，可输出信息流，实现对智能组件的自动化调试。

2）合并单元调试。向电子互感器提供输入信号，监测合并单元的输出，测试合并单元的同步、测量误差等性能指标。

3）智能组件或单元调试时向合并单元提供输入信号，监测智能组件或单元的输出，测试智能组件或单元的数字采样的正确性、同步、测量误差等性能指标。

第四节　智能变电站异常及事故处理

一、智能变电站异常及事故处理原则

（1）智能变电站异常及事故处理应按照综自变电站相关异常及事故处理总原则执行。

（2）双套配置的合并单元单台故障时，应申请停用相应保护装置，及时上报处理。

（3）双套配置智能终端单台故障时，应退出该智能终端出口压板，及时上报处理。

（4）间隔交换机故障，影响对应间隔 GOOSE 链路，应视为失去对应间隔保护，申请停用相应保护装置，及时处理。

（5）公用交换机故障，可能影响保护正确动作，应申请停用相关保护设备，及时处理。

（6）在线监测系统报警后，运行人员应通知检修人员进行现场检查。若属于系统误报警的，应申请退出相应报警功能或在线监测系统，处理缺陷后再投入运行。

（7）运行人员及专业维护人员应掌握智能告警和辅助决策的高级应用功能，正确判断处理故障及异常。

二、智能变电站典型异常及事故案例

1. 智能变电站误发 goose 保护动作

（1）现象：监控后台打出“1 号主变高压侧测控 33013 隔离开关合位双位遥信坏状态，330kV 母线保护 A 套 1 号主变支路 2-Ⅲ母隔离开关动合 goose 保护动作、330kV 母线保护 A 套 1 号主变支路 2-Ⅲ母隔离开关常开保护动作、330kV 母线保护 A 套母线互联报警、330kV 母线保护 A 套 1 号主变支路 2-隔离开关位置报警、330kV 母线保护 A 套装置报警、330kV 母线保护 A 套 1 号

主变支路 2-Ⅲ母隔离开关双位置报警、330kV 小室公用测控 330kV 母线保护一装置报警”。

（2）处理：运维人员检查智能装置，更换将 33013 隔离开关位置接点更换为备用接点后，恢复正常。

（3）原因分析：33013 隔离开关位置接点有问题。

2. 某 500kV 智能变电站多套差动保护误动作

（1）现象：在特高压直流输电工程进行人工短路试验时，某 500kV 智能变电站发生 500kV 主变差动保护、220kV 母线差动保护、220kV 部分线路差动保护不正确动作。

（2）保护动作原因分析：该 500kV 智能变电站继电保护设备采用“常规互感器＋合并单元”采样模式。所采用的模拟量输入式合并单元，因厂家将内部软件延时参数设置错误，导致交流电流采样数据不同步。在发生区外故障时，相关差动保护感受到差流，从而引起保护误动作。

（3）主要问题：该 500kV 智能变电站所采用的合并单元存在软件参数设置错误，导致交流电流采样数据不同步；该 500kV 智能变电站所采用的合并单元为不合格产品，使用前未经过检测；该 500kV 智能变电站建设过程中合并单元采购、验收、调试过程中未严格执行相关标准，在管理上存在疏漏。

（4）防范措施：智能变电站的各种设备，特别是合并单元在采购时应选取检测合格的产品；设备监造人员应切实负起责任；在验收、调试过程中，应严格逐项功能检验，对产品存在的问题基本都能发现。

3. 某 330kV 智能变电站全停

（1）现象：某 330kV 智能变电站，330kV 为 3/2 接线方式，其中一线变串内的主变及两台断路器停电检修，另一台边断路器带一条 330kV 线路运行，该线路为本站的一条电源进线。某日该线路线 11 号塔发生异物短路，因该串内的中断路器合并单元“装置检修”压板投入，线路双套线路保护闭锁，该线路对侧保护动作，对侧的两台断路器全部跳闸。该变电站其他两台主变高压侧后备保护动作，跳开三侧断路器。该站其他 330kV 线路对侧零序Ⅱ段保护动作，跳开线路，该 330kV 所带的多座 110kV 及水电站失压。保护原理图如图 4-3 所示。

（2）原因分析。投入 3320 断路器汇控柜智能合并单元 A、B 套“装置检修”压板后，发现该线 A 套保护装置（南瑞继保设备，型号 PCS-931G-D）“告警”灯亮，面板显示“3320A 套合并单元 SV 检修投入报警”；该线 B 套保护装置（许继电气设备，型号 WXH-803B）“告警”灯亮，面板显示“中 TA 检修不一致”。

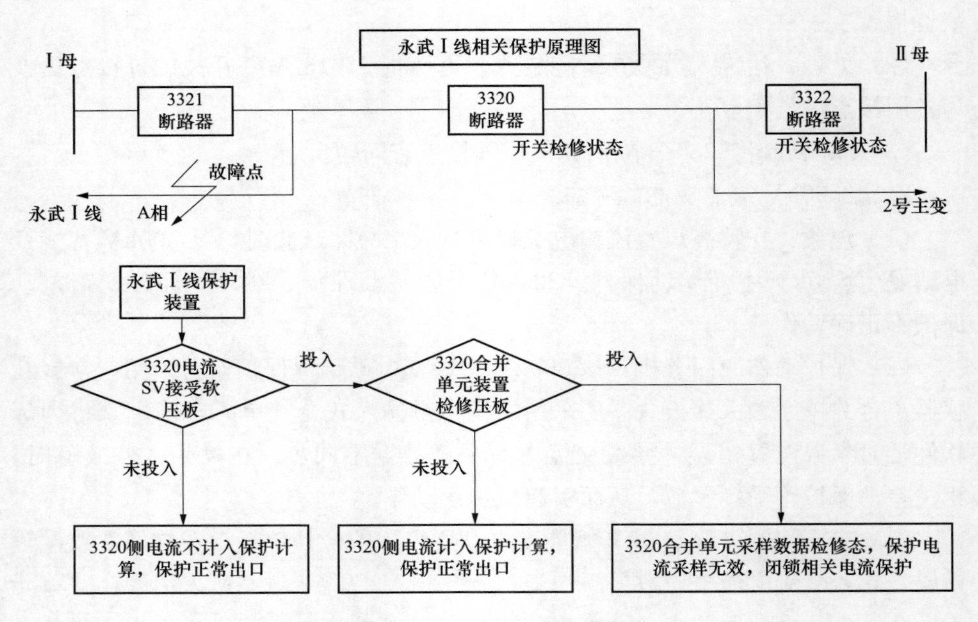

图 4-3　保护原理图

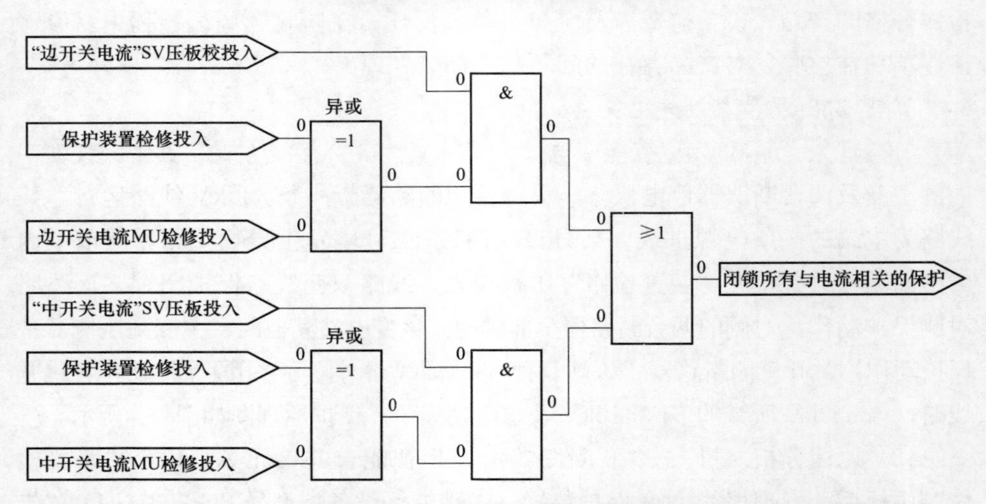

图 4-4　检修状态下电流保护相关逻辑图

南瑞继保 PCS-931G-D 型、许继电气 WXH-803B 型保护装置，其中，PCS-931G-D 保护装置告警信息“SV 检修投入报警”含义为“链路在软压板投入情况下，收到检修报文”，处理方法为“检查检修压板退出是否正确”；WXH-803B 保护装置告警信息“TA 检修不一致”含义为“MU 和装置不一致”，处理方法为“检查 MU 和装置状态投入是否一致”。按照保护装置设计原理，当 3320 合并单元装置检修压板投入时，3320 合并单元采样数据为检修状态，保护电流采样无效，闭锁相关电流保护，只有将保护装置“SV 接收”软压板退出，才能解除保护闭锁，现场检修、运维人员均未对以上告警信号进行深入分析并正确处理。检修状态下电流保护相关逻辑图如图 4-4 所示。

（3）防范措施。对智能变电站的相关二次设备动作原理、运行操作注意事项应进行重点培训。运维人员应掌握每一套智能保护的设计原理、回路接线、动作逻辑、告警灯的含义、压板功能及操作注意事项。在变电站现场运行规程中编写继电保护部分时应包括各压板正常投入状态、压板操作说明、压板巡视要求、压板运维及投退注意事项等 4 部分内容。